レポート作成のための コンピュータリテラシー

［第5版］

椎原正次 著

ムイスリ出版

第5版にあたって

　2005 年に本書『レポート作成のためのコンピュータリテラシー』の初版を刊行してから20 年近くが経過した。これまでに、OS や Microsoft Office のバージョンアップにあわせて 4 度の改訂を行った。今回の改訂では、Windows 11 と Office 365 の更新への対応を図っている。また、学外からの学内サーバーへのアクセス方法などを追記した。

　コンピュータリテラシーは、コンピュータを使いこなす能力とされており、近年では欠かせない能力の 1 つになっている。そして一般的には、ワープロや表計算などの基本的なソフトウェアおよびインターネットを利用する能力のことを指していることが多い。このため、各ソフトウェアの操作方法に関する多くの解説書が出版されている。しかし、基本的なソフトウェアの使用方法を単に知っているというだけではなく、実際に何かを生産できる能力が必要である。ペンの使い方を理解しただけでは、いい絵を描くことができないのと同じ理由である。そこで理系の学生を対象として、レポートや論文を執筆するために必要な知識とソフトウェアの使い方をまとめたのが本書である。そのためにレポートや論文の執筆に必要な要素を抽出し、それぞれの作成方法について記述した。さらに、実際にそれらの要素を組み合わせてレポートを作成するところまでを詳説した。まずは精度の高い部品を効率よく作成する能力を養ったうえで、その部品を組み合わせることにより多品種の製品を生産するという発想である。このなかでは、部品単位の管理能力も重要となる。これらの能力を身につけるために要となるのは、習熟である。以上のような本書が掲げるコンセプトの有効性は、今も変っていないと感じている。

　本書による演習を始めるには、ある程度のタイピング能力やソフトウェアを操作する能力が要求される。しかし、多くの受講生はこれらの能力を有しており問題はない。筆者は、他の演習や卒業研究も担当しているが、本書による演習により指導がしやすくなった。さらに、文書を読んで演習を進めるというスタイルは、受講生の主体的な学修に寄与していると考えている。学修の分量についてもレポートの作成実習やプレゼンテーションの実習を含んでいるので、大学での半期の演習に適当である。大阪工業大学の学生には BYOD(Bring Your Own Device)が導入されたことで、時間や場所による制約がなくなり学習効果は高まったと考えている。以下に、本書の内容を簡単に紹介する。

　まず第 1 章では、リテラシー教育に対する本書の基本的な考え方と演習の準備について述べている。すなわち、学習モデルと利用モデルを明確にした。次に、第 2 章と第 3 章はワープロソフトの利用方法が中心となっており、文書の体裁を整える方法や数式・図の作成方法について解説している。第 4 章は、電子メールや WWW サービスの概念とその使用方法についての演習であり、それらを利用する上での注意点についても記述しておいた。また、パスワード管理および VPN 接続について説明した。さらに第 5 章から第 7 章までは、表計算ソ

フトの使用方法と表やグラフの作成方法について解説した。また、関数を使用したデータの集計や分析についても触れている。さらに、数式の手書き入力の機能についても解説した。表の体裁を正しく維持して貼り付ける方法も記した。第8章から第10章にかけては、実験レポートの執筆方法について解説した。そして、実験レポートを作成するうえでわかりにくい点を明らかにしておいた。また、実験結果を共有する方法を追加した。第11章は、他のソフトウェアとの連携方法について示した。第12章ではプレゼンテーションソフトの使用方法と同時に、レポートや論文とプレゼンテーション用資料の違いについて解説した。単に、プレゼンテーションを作成するだけではなく、それを使ってみる課題が用意されている。最後となる第13章では、演習の成果の確認と今後の課題について述べている。これらの内容を理解すれば、口頭発表や論文作成に必要な能力を身につけることができると考えている。

　本書の執筆にあたっては、多数の書物や文献を参考にさせていただいた。刊行にあたっては、ムイスリ出版の橋本豪夫社長に格別のご高配を賜った。なお、本書で使用している画像等の作成には、大阪工業大学情報科学部経営システム研究室の中嶋愛海さんに全面的な協力を得ました。

　以上、ここに深く感謝の意を表して、厚くお礼申し上げます。

2024年1月　　　　　　　　　　　　　　　　　　　　　　　　　　　椎原正次

目　次

第1章　演習を始める前に

1.1　本書のねらい

　本書は、大阪工業大学情報科学部の演習科目『コンピュータリテラシー』のために用意されました。リテラシー教育では、一般に、ワープロ、表計算、プレゼンテーション、Web 検索、電子メール等のソフトウェアの利用を対象としています。これらのソフトウェアは、いずれも非常に多くの機能を持っており、それらのすべてを十分に演習することは不可能と考えられます。むしろ特に目的もなく、様々な機能を学習することは非効率といえます。

　そのために、本書では理系の学生がレポートや卒業論文、ひいては学術論文を執筆できるようになることを目標に設定しています。そして、リテラシーを次のような階層の水準で考えています。

(1) 初歩の操作ができる程度（水準1）

　キーボードを使って自由に文字を入力することができると同時に、OS(Operating System)や基本的なソフトの基礎的な操作ができる。

(2) 必要なオブジェクトを生成できる程度（水準2）

　科学技術論文やレポート、卒業論文を執筆するのに必要な能力を有している。これは、ページレイアウトの設定および数式や図表の作成ができることを示している。

(3) 演習でレポートを作成できる程度（水準3）

　論文の構成を理解しており、演習でレポートを作成することができる。

(4) 効率化を図れる程度（水準4）

　科学技術論文やレポートを効率よく作成できる。ここには、関連するファイルの管理を含んでいる。

(5) 他の目的にも十分に応用できる程度（水準5）

　他の目的に対しても、必要なソフトウェアを効率よく利用するための方法を確立できる。

　以上の5つの水準において、本書は水準2および3を対象として作成されています。水準4については、この演習を終了した後も、何度もレポートを作成したり、卒業論文等を執筆したりすることで到達が期待できます。この水準4の能力まで身に付いていれば、やがて各自に与えられた課題に対しても自分なりの最適化を図ることができるでしょう。この能力を水準5と定義しているわけです。

　逆に水準1については、演習開始前に到達していなければなりませんが、今までにコンピューターを触ったことがない人は、ほとんどいないはずです。キーボードのタイプも 20 分で 300 字〜400 字程度を入力できれば十分です。後述のように演習を進めていくうちに、この能力も身に付いてきます。

1.2 本書における学習モデル

　レポートや論文等を執筆するために必要となる基本的な機能さえ身に付けば、後はそれらを繰り返し作成することにより、各自にとって最も効率的な利用方法を身に付けることができます。すなわち、**図** 1.1 に示すような習熟を柱とした学習モデルです。ソフトウェアの使用を続けているうちに、友人から知識を得たり、偶然に新しい機能を発見したりします。また、バージョンアップ等によって新しい機能が追加されていきます。これらの新しい知識や機能を取り入れながら効率化を進めて、上達していくと考えられます。

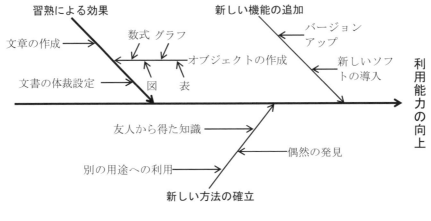

図 1.1　学習モデル

1.3 レポートや論文作成に必要な機能

　レポートや論文は、指定された体裁で記述されたテキストと図や表、グラフ、数式から構成されています。そこで一般的なパソコンのソフトウェアを使って、どの程度まで情報や経営に関する論文を作成することができるのかを調査してみました。ここでは、5団体が発行している論文誌を元にしました。学会 A～D は 2004 年～2006 年度、学会 E は 2005 年度に発行されたものを対象にしています。それらの論文における図表等の使用量をまとめたものが**表** 1.1 です。

表 1.1　論文で使用された図表等の数

	論文数	総ページ数	図	グラフ	表	数式
学会 A の論文誌	129	1,008	269	45	116	34
学会 B の論文誌	60	803	77	34	154	13
学会 C の論文誌	66	519	158	128	174	418
学会 D の論文誌	147	1,359	574	353	630	1,865
学会 E の論文誌	298	3,209	1,943	648	856	1,210

　調査した学会の中では、学会AとBは経営学、学会Dは経営工学の色彩が強く、学会C
はその中間です。そして、学会Eは情報技術を中心にした学会といえます。論文の総数が異
なるために、1論文あたりの平均値を計算した結果が**表** 1.2 です。この表により、各学会の
特色が明確に示されています。

表 1.2　論文あたりの図表等の使用量

	ページ数	図	グラフ	表	数式
学会Aの論文誌	7.8	2.1	0.3	0.9	0.3
学会Bの論文誌	13.4	1.3	0.6	2.6	0.2
学会Cの論文誌	7.9	2.4	1.9	2.6	6.3
学会Dの論文誌	9.2	3.9	2.4	4.3	12.7
学会Eの論文誌	10.8	6.5	2.2	2.9	4.1

　さて、一般的なワープロソフトである Microsoft Word や表計算ソフトである Microsoft Excel
を使って、これらの論文で使用された図やグラフをどの程度作成できるかが問題です。そこ
で筆者の研究室の学生に、その可能性を判定してもらいました。その結果をまとめたものが
表 1.3 です。

表 1.3　図とグラフの作成可能な割合

	図	グラフ
学会Aの論文誌	73.6%	95.6%
学会Bの論文誌	96.1%	82.4%
学会Cの論文誌	86.1%	95.3%
学会Dの論文誌	77.0%	99.7%
学会Eの論文誌	57.2%	56.5%

　この表からわかる通り、学会A〜Dの論文で使用された図の7割以上が Microsoft Word で
作成可能です。グラフは Microsoft Excel で8割以上が作成可能です。図を Microsoft Word で
作成できない理由は、画像データ等を使用している場合がほとんどです。学会Eでは他の4
学会に比べて作成できない比率が多いのもこれが原因です。逆に考えると、概念図であれば
Microsoft Word を使って十分に作成可能です。一方、学会Eの論文のグラフが Microsoft Excel
で作成できない理由は、軸の目盛りにあります。グラフの上下に目盛りと数値が記入されて
おり、Microsoft Excel では作成できません。また、軸に省略記号が挿入されたグラフも作成
できません。しかし、表と数式については、すべてのものが作成可能でした。
　近年では、デジタル入稿・印刷が多数となっており、インターネットで公開される電子媒
体もよく使われています。すなわち、著者の作成した原稿がそのまま使用されるケースが増
えているということです。もちろん一般のレポート等では、各自で印刷したものを提出しま
す。このために、図表等をうまく利用し、指定された体裁に整えて原稿を作成できる能力を、
本演習において十分に養っておく必要があります。

1.4　コンピューターの利用モデル

　この演習では、主として5種類のソフトを利用します。それらは、**図 1.2** に示される通り、ワープロソフト(Word)、表計算ソフト(Excel)、プレゼンテーションソフト(PowerPoint)、Webブラウザ(Microsoft Edge)、メーラー(Outlook on the web)です。

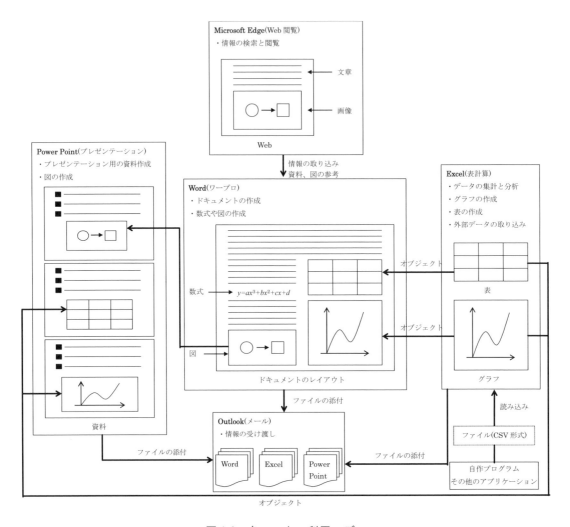

図 1.2　各ソフトの利用モデル

　この図 1.2 に表されているように、これらのソフトを連携して利用することにより、レポートや論文を効率よく作成することを目的としています。この中で、Word は主として決められた体裁で文書を作成するのに使用します。また、文書中に数式ツールを使用して数式を記述したり、図形作成機能を使用して概念図等を作成したりします。Excel は、データの集計と分析に利用するだけでなく、表やグラフを作成するのにも使用します。完成したグラフ

や表は、オブジェクトとして Word や PowerPoint で利用します。そして、コンピューター・シミュレーション等の結果をグラフや表にして分析する役割を持っています。PowerPoint は完成したレポートや論文の内容を、プレゼンテーションするために使用します。PowerPoint では、Word や Excel で作成した図や数式等のオブジェクトを利用します。

さらに、電子メールを利用して Word や Excel、PowerPoint 等で作成したファイルを送付することもあります。また Web ブラウザを使用することで、情報の検索や閲覧をすることができます。例えば、学会の発表予稿や論文誌等の執筆細則を参照したり、研究やレポート作成のために必要な知識を得たりすることができます。

ここまでが、演習を始める前の予備知識となります。この演習の全体像が理解できたでしょうか。それでは、演習に移りましょう。

1.5　サインインとサインアウト

1.5.1　サインインとは

コンピューター・システムには、サインインという動作により、他人が不正な利用をできないようにする仕組みがあります。すなわち、正規の利用者だけがシステムを使用できるようになっています。サインインには、利用者が誰であるかを識別するコードとなるユーザーID とそのパスワードが必要です。銀行の預金を ATM から引き出そうとする時に、キャッシュカードと暗証番号が必要なのと同じです。キャッシュカードが ID だと思えばいいわけです。

ですから、みだりに他人にパスワードを教えたりしてはいけません。また生年月日等のように、他人に推測されやすいパスワードを設定することは好ましくありませんし、どこかにメモをしておくことも推奨できません。しかしパスワードを忘れてしまうと本人にもかかわらず、コンピューター・システムが利用できなくなってしまいますので注意が必要です。

ただし、個人所有のパソコンの場合には、利用者が限定されているために、サインインが不要になっていることもあります。また、サインインはログオンやログインとも呼ばれています。

1.5.2　サインインの前に

この演習では、個人のノート PC だけではなく電子メールに代表される大学のシステムを利用します。そのため、2 種類のユーザーID とパスワードを使用することになります。個人のノート PC のユーザーID とパスワードは、購入して最初に電源を入れた時に各自で設定した通りです。

大学のシステムを利用するためのユーザーID ですが、大阪工業大学では次のように定めています。

　　　ユーザーID　　e1＋学生番号

　したがって、学生番号 A99-999 の人のユーザーID は次のようになります。ただし、a が小文字になっていることに注意してください。

　　　ユーザーID　　e1a99999

　また、各自のパスワードとして初期パスワードが設定されています。この初期パスワードは大学からすでに通知されているはずです。しかし、このパスワードは覚えにくいために変更しておくことが必要です。パスワードの変更方法については、後に記述してありますので、必ず各自で変更しておいてください。

1．5．3　サインインの方法

　ノート PC に電源を入れて Windows 11 が起動し、画面をクリックすると**図 1.3** のようなサインイン画面が表示されます。画面に表示されているユーザー名を確認しましょう。Windows 11 では、ユーザーID ではなくユーザー名と呼んでいます。また、フルネームを登録した場合には、ユーザー名ではなくフルネームが画面に表示されます。自分のユーザー名と異なる場合には、サイン画面の左下から他のユーザー名を選択します。本書では、個人のノート PC におけるユーザー名を「Taro.Kodai」とし、フルネームは「工大太郎」と設定しています。

　次は**図 1.4** のようにパスワードを入力します。大文字と小文字の区別があるので注意してください。何をタイプしても「●●●●」と表示されます。これは、入力中に他人に見られないための配慮です。パスワードがタイプできたら図 1.4 中の ➡ をマウスでクリックします。

　正常にサインインができると、**図 1.5** のような画面になります。この画面がデスクトップです。また、画面の下部の部分は、「タスクバー」と呼ばれています。このタスクバーの中央部の左端には「スタートボタン」、右端には「通知領域」が配置されています。

図 1.3　サインイン画面　　　　　　図 1.4　ユーザー名の確認とパスワードの入力

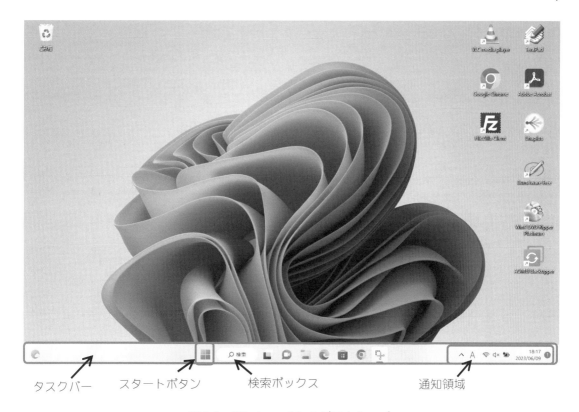

図 1.5　Windows11 のデスクトップ

1．5．4　サインアウトの方法

　コンピューターを使い終わったら必ず**サインアウト**をします。コンピューターの電源を落とさずに利用だけを終了して、サイン イン画面に戻ることをサインアウトといいます。サインインされた状態のままで席を離れてはいけません。サインアウトしないで席を離れることは、先ほどの ATM の例で考えると、キャッシュカードを入れて暗証番号を入力し、その場を立ち去るようなものです。サインアウトの方法は、まず、図 1.5 のタスクバーにあるスタートボタン■を右クリックし、**図 1.6** のようなメニューを表示させます。そして、「シャットダウンまたはサインアウト」にマウスカーソルを合わせれば、**図 1.7** のようなメニューが表示されますので、希望する項目を選択します。各項目の意味は次の通りです。

(1) サインアウト

　コンピューターの利用を終了して、サイン イン画面に戻ります。使用中のアプリケーション等があっても、それらは強制的に終了させられます。

(2) スリープ

　省電力モードになり画面には何も表示されません。電源ボタンを押すことにより、サイン イン画面が表示されます。この際に、電源ボタンを長押ししないように注意しましょう。電源が切れてしまいます。サインインすれば、アプリ等はスリープ前の状態になっています。

（3）シャットダウン

　コンピューターの使用が終わって、サインアウトだけでなく電源も落としてしまいます。

（4）再起動

　コンピューターの利用を終了し、一旦リセットしたうえで、再びサインイン画面に戻ります。

　ここでは、試しに(1)の「サインアウト」を選んでみましょう。

図 1.6　右クリックメニュー

図 1.7　終了方法の選択

1.5.5　練習

　もう一度、サインインしてみましょう。そして、今度は図 1.7 の「シャットダウン」をクリックしてみましょう。シャットダウンが完了すれば、再び電源を入れてサインインします。

1.5.6　コンピューターのロック

　作業の途中でコンピューターから離れる場合に、サインアウトしてしまうとすべてのアプリも終了してしまうことになります。アプリの状態をそのままにして、他人が操作できないようにしたい場合にはロックしておきます。まず、Ctrl キーと Alt キー、Delete キーの３つのキーを同時に押して、サインイン画面を表示させるものもあります。ここでいう同時とは、「Ctrl キーを押しながら Alt キーを押し、さらに Delete キーを押す」という意味です。３つのキーを同時に叩くという意味ではありません。キーの位置は、**図 1.8** に丸印で表示されています。

　これにより、**図 1.9** のような画面が表示されますので、マウスカーソルを「ロック」に合わせてクリックします。これでロックされます。再びコンピューターの操作を開始する場合には、サインインと同様の手順を実施します。

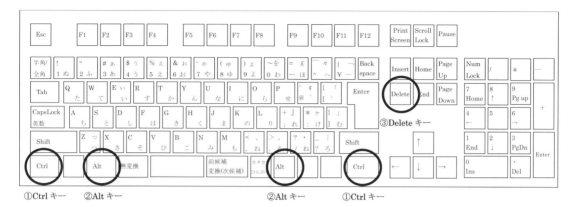

図1.8　3つのキーの位置

図1.9　3つのキーを押したら表示される画面

図1.10　パスワードの変更画面

1．5．7　パスワードの変更

　前述のように、演習では個人のノートPCと大学のシステムを使用します。それぞれに、IDとパスワードがあります。ここでは、ノートPCのパスワードの変更方法について説明します。大学のシステムのパスワード変更方法については、第4章で解説します。

　ノートPCのパスワードを変更するには、サインインした状態で先ほどと同様にCtrlキー＋Altキー＋Deleteキーを押します。図1.9の画面にある「パスワードの変更」をクリックすれば、**図1.10**のような画面が表示されます。最上段のボックスに表示されているユーザー名を確認して、古いパスワード(現在使っているパスワードのこと)をタイプし、次に新しいパスワードをタイプします。さらにその下のパスワードの確認入力ボックスにも同じパスワードをタイプして、ボックスのすぐ右にある➡️をクリックすれば完了です。

　しかし、どのようなパスワードにするべきかという問題があります。セキュリティの関係上、全体が10文字以上であり、英字と数字を混在させたものを推奨します。パスワードには有効期限が設けられていることがあり、期限内にパスワードを変更しなければ、サインインできなくなるシステムもありますから注意してください。

　なお、新しいパスワードとパスワードの確認入力ボックスに何も入力せずに■➡をクリック
すれば、パスワードの設定が解除されます。設定が解除されるとサインインの画面は表示さ
れず、直ちに図 1.5 のようなデスクトップが表示されます。

1.6　演習用フォルダーの作成

　これから 13 章にわたる演習を始めるわけですが、本演習で使用したファイルを保存してお
くフォルダーを決めておきましょう。パソコンを使うほどにデータファイルが増えていきま
すから、わかりやすい名前のフォルダーに整理して保存しておくことが望ましいのです。フ
ォルダーのことをディレクトリと呼ぶこともあります。ここでは、ノート PC のドキュメン
トフォルダーに「kadai」と「literacy」というフォルダーを作成して、それらの中に演習の成
果を整理して保存するようにします。

　それでは、演習用のフォルダーを作る方法について解説します。まず、図 1.5 のタスクバ
ーに配置されているエクスプローラーボタン■をクリックします。エクスプローラーのウィ
ンドウが開きますので、左側にある PC のアイコン■をクリックすれば、**図 1.11** のように
利用可能な記憶領域が表示されます。パソコンでは記憶領域に、A: から Z: までのドライブ
レターが割り振られます。フロッピーディスクドライブがある場合は A: が表示されます。
図 1.11 の右側上段のフォルダーの欄にあるドキュメントのアイコンをクリックして開きます。
このフォルダー内に、演習用のフォルダー kadai を作成します。

図 1.11　利用可能な記憶領域

　今、ドキュメントフォルダーが開いているはずです。そこで、画面上で右クリックしてコ
ンテキストメニューを表示し、**図 1.12** のように「新規作成－フォルダー」を選択します。こ
れにより、**図 1.13** のように新しいフォルダーが作成されます。このフォルダー名を**図 1.14**
のように kadai に変更してください。フォルダー名の部分が青色で表示されていれば「kadai」
と入力すればいいのですが、そうでなければこのフォルダーをマウスで右クリックして、「名
前の変更」を選択すれば青色になります。これで演習用のフォルダーができました。しかし

情報科学部のカリキュラムには、コンピュータリテラシー以外にも多くの演習があります。そこでkadai の中に、さらに literacy というフォルダーを作成しておきましょう。先ほど作成した kadai フォルダーをクリックして開き、後はもうおわかりですね。ただし、アルファベットの綴りを間違えないように注意してください。また、エクスプローラーの「表示」タブを選択し、「表示/非表示」のグループの「ファイル名拡張子」にチェックを入れておきましょう。

　ファイルを外に持ち出す場合は、USB メモリーが便利です。USB メモリーを USB ポートに差し込めば、「USB ドライブ」もしくは「リムーバブル ディスク」として認識され、ドライブレターが割り当てられます。エクスプローラーを起動すれば、画面の左側に USB ドライブのアイコンが表示されますので、それをクリックすれば操作できます。USB メモリーの使用を終了する時は、デスクトップ右下の通知領域にある＾をクリックします。これは隠れているインジケーターを表示するアイコンです。そして、USB メモリーを示しているアイコンをクリックし、「〜の取り出し」を選択します。これで USB メモリーの取りはずしが可能になりました。ノート PC がトラブル等で使用できなくなった時のために、重要なファイルは USB メモリー等にバックアップとして保存しておくことをお勧めします。ただし、USB メモリーは非常に有用ですが、メモリー自体の紛失や盗難等による情報漏えいのリスクがあるので注意が必要です。

図 1.12　新しいフォルダーの作成

図 1.13　新しいフォルダー　　　　　図 1.14　フォルダーkadai の完成

1.7 ソフトウェアの起動方法と漢字変換

1.7.1 ソフトの起動

　サインインとサインアウトを理解して演習を始める下準備ができれば、実際にいくつかの
ソフトウェア(アプリ)を使用してみましょう。ここでは、ワープロソフトである Word を例と
して解説します。一般的なソフトの利用方法は、**図 1.15** に示す通りです。ただし、この流れ
はあくまで例ですから、実際には印刷と保存が逆の方が効率的なこともあります。また文書
を更新しても保存だけして、印刷しないこともあるかと思われます。

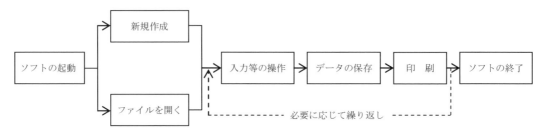

図 1.15　ソフトウェア利用の一般的な流れ

　それでは、この流れにしたがって実際に Word の操作を行ってみましょう。Word の起動方
法は次の 2 種類があります。②については後ほど解説しますので、まずは①の方法で Word
を起動してみましょう。

① **図 1.16** のスタートメニューの右上にある「すべてのアプリ」ボタンをクリックし、**図
1.17** のメニューから Word を選択する。

② Word で作られた文書ファイルのアイコンをダブルクリックする。

図 1.16　スタートメニュー　　　　　　　　図 1.17　すべてのアプリの画面

Word が起動できれば、**図 1.18** のような画面になります。図 1.18 のように Word の画面が ディスプレイ全体に表示されていない人は、タイトルバーの右側にある「最大化」ボタン□ をクリックしてみましょう。Windows の特徴は、各アプリのウィンドウの大きさを自在に変 えられることです。しかし１つのアプリしか使用しない時は、大きい方が操作しやすいこと はいうまでもありません。それでは早速、ワープロとして利用したいところですが、まずは 各自で Word の画面の各部名称を理解しておきましょう。

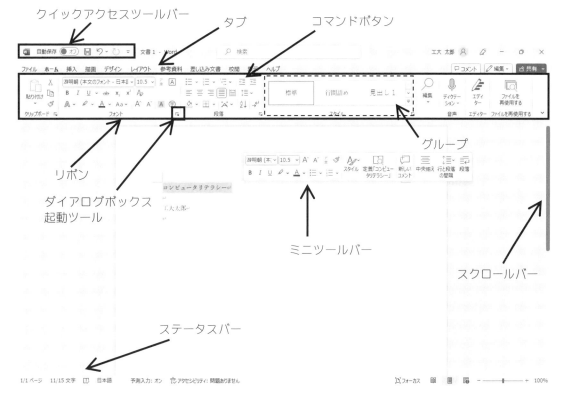

図 1.18　Word の画面

次に、Word の文書表示モードについて確認するために、表示タブをクリックします。表 示グループにおいて「印刷レイアウト」が選択されていることを確認しましょう。印刷レイ アウトは、画面に表示されている文書のイメージが印刷のイメージと一致する表示モードで す。さらに、「表示－ルーラー」にチェックを入れて**ルーラー**を表示させます。ルーラーは、 文字等の位置を調整するための目盛です。以上で Word の利用準備が整いました。

1.7.2　漢字変換の方法

それでは、いよいよ文字の入力です。ここでは、漢字変換の方法について理解しながら入 力をしてみましょう。日本語の扱えるシステムでは、大きく分けて２種類の文字があります。 １つは全角文字と呼ばれ、ひらがな、カタカナ、漢字、英数字等を表示できます。もう一方

は半角文字で、これはカタカナ・英数字等で表示できます。全角文字は、半角文字に対して
横方向に2倍の面積を使用していることになります。ひらがなと漢字は字面が複雑なので、
英数字に比べて2倍の面積がないと表示できないのです。したがって日本語を入力するには、
ひらがなや漢字に変換するソフトが別に必要になります。

　Windows 11 が立ち上がると、日本語入力システムである IME も起動されます。デスクトッ
プ下部のタスクバーの右側に表示されている"A"または"あ"を確認してください。これらの
表示は、キーボードの左上にある"半角/全角"と書かれているキーを押すことで切り替わり
ます。表示が"A"のときは半角英数が入力でき、"あ"のときはひ
らがなが入力できます。また、"A"または"あ"を右クリックすれば、
図 1.19 のようなメニューが表示されます。このメニューから IME
の様々な機能の利用や、設定の変更が可能です。図中の「IME パッ
ド」を選択すれば、手書きによる漢字入力ができます。IME の入力
モードは、メニュー上部の5種類の中から選択して切り替えます。
　ここでは、**図 1.20** のように「今日は、いい天気です。」と入力し
てみましょう。IME には、「ローマ字入力」と「かな入力」があり
ます。ローマ字変換は、ローマ字を入力してひらがなに自動変換し
て表示させ、必要に応じて漢字に変換するという仕組みです。その
ため、"ｋｙｏｕｈａ，ｉｉｔｅｎｋｉｄｅｓｕ．"とタイプすれば
「きょうは、いいてんきです。」と表示されるはずです。そして、
スペースキーを押せば「今日は、いい天気です。」に変換されま
す。Enter キーを押すか、次の入力文字を押せば変換が確定されます。このように文単位で
入力して一気に変換することが可能です。

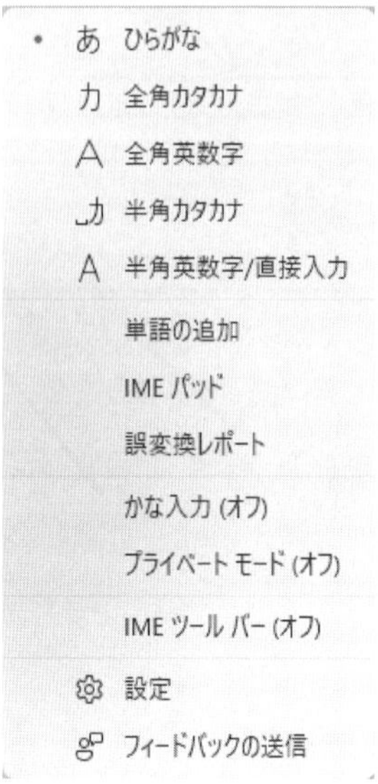

図 1.19　IME のメニュー

図 1.20　入力例

　しかし今回のように常に思い通りに変換できるわけではありません。うまく変換できない場合には、文節を指定してそれぞれ変換し直すことが必要になります。文節の変更には Shift キーとカーソルキーを使用しますが、慣れるまでが厄介です。そこで、最初のうちは文節単位で入力して変換し、確定する方が、効率はいいようです。今回のケースでは、“ｋｙｏｕｈａ，”でスペースを押し、“ｉｉｔｅｎｋｉｄｅｓｕ．”で再びスペースを押すことになります。ただし、慣れてきたら文単位で変換する方がすばやく入力できるでしょう。具体的な方法については、各自で調べましょう。また参考までにローマ字とひらがなの対応を**表 1.4** にまとめておきます。

表 1.4　ローマ字とひらがなの対応表

子音 ＼ 母音	a	i	u	e	o
	あ	い	う	え	お
k	か	き	く	け	こ
s	さ	し	す	せ	そ
t	た	ち	つ	て	と
n	な	に	ぬ	ね	の
h	は	ひ	ふ	へ	ほ
m	ま	み	む	め	も
y	や	い	ゆ	いぇ	よ
r	ら	り	る	れ	ろ
w	わ	うぃ	う	うぇ	を
x	ぁ	ぃ	ぅ	ぇ	ぉ
g	が	ぎ	ぐ	げ	ご
z	ざ	じ	ず	ぜ	ぞ
d	だ	ぢ	づ	で	ど
b	ば	び	ぶ	べ	ぼ
ky	きゃ		きゅ		きょ
sy	しゃ		しゅ		しょ
ty	ちゃ		ちゅ		ちょ
ny	にゃ		にゅ		にょ
hy	ひゃ		ひゅ		ひょ
my	みゃ		みゅ		みょ
ry	りゃ		りゅ		りょ

ん	NN	「N」の次に「Y」以外の子音で「ん」になる。
っ		後ろに「N」以外の子音を２つ重ねる。

1.7.3　ファイルの保存

　入力が完了すれば、データを保存しておきます。Word では、１つの文書を１つのファイルとして保存することができます。保存の方法としては、ファイルタブをクリックして保存を選択する方法と、クイックアクセスツールバーを使う方法がありますので、前者から説明しましょう。

　まず、ファイルタブをクリックして**図 1.21** のような画像を表示させます。そして、図左のリストから「名前を付けて保存」をクリックしてください。さらに、「参照」をダブルクリックして、表示されたダイアログの上部に表示されているパスをドキュメントに変更すれば

図 1.22 のように表示されます。ここで、フォルダーkadai をダブルクリックすれば、フォルダーliteracy が表示されます。この中に保存すればよいのですが、第 1 章の演習ですから、さらに lec01 というフォルダーを用意して保存します。そこで、このダイアログにある「新しいフォルダー」ボタンをクリックしてください。そして、**図** 1.23 のように新しいフォルダーの名前である「lec01」を入力します。また、図の左側の「PC」をクリックして USB メモリー等を保存先として選択することができます。

図 1.21　名前を付けて保存を選択

図 1.22　名前を付けて保存のダイアログ

図 1.23　フォルダーlec01 の作成

　新しいフォルダーlec01 を作成して、その中に保存する準備が整ったので、後はファイル名を入力すれば完了です。ファイル名のフィールドに「work11.docx」という名前を入力してみましょう。タイトルバーの表示が「work11.docx」に変化したはずです。それから、すでに作成したデータを更新して同じファイル名で保存する場合には、図 1.21 の「名前を付けて保存」ではなく「上書き保存」を選択します。新規で保存する場合も、上書き保存の場合も、このファイルタブからの方法は手順が多いので、クイックアクセスツールバーの🖫をクリックする方法が簡単です。特に、「上書き保存」の場合にはボタンをクリックするだけで完了しますから非常に容易です。

1.7.4 フォルダーの構造

　さて、これまでの操作の結果、work11.docx がどこに保存されているのかわかりにくくなったかもしれません。これを解消するために**図 1.24** にフォルダーの関係図を示しておきます。このような図のことを階層図と呼んでいます。

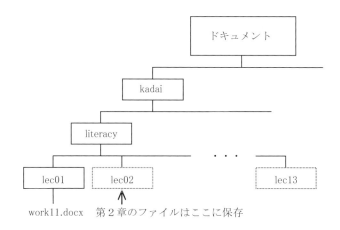

図 1.24　フォルダーの階層図

　フォルダーには、ファイルとフォルダーを保存することができます。このために、フォルダーは階層構造になるのです。したがって、この階層構造をうまく使ってファイル等を効率よく整理して保存することを考えなくてはなりません。

　ところで、よく使うフォルダーやファイルのショートカットをデスクトップに作成しておけば便利です。ショートカットのアイコンをダブルクリックするだけで、フォルダーやファイルを開くことができます。対象となるドライブやフォルダー、ファイルのアイコンにマウスカーソルを合わせて、**図 1.25** のように右クリックし「その他のオプションを表示」をクリックします。そして**図 1.26** のように「送る－デスクトップ(ショートカットを作成)」をクリックします。デスクトップにショートカットが作成されていることを確認しておきましょう。

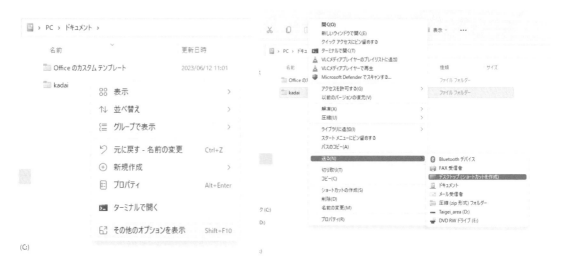

図 1.25　その他のオプション　　　　図 1.26　ショートカットの作成

1.7.5　ファイルの印刷

　印刷をするにはファイルタブを選択して「印刷」をクリックし、**図 1.27** のような印刷画面を表示させます。この画面では、印刷の設定と印刷プレビューが表示されます。印刷の設定では、プリンターや印刷するページを指定することができます。印刷プレビューは、印刷されるイメージをモニターで確認する機能です。Word の画面は通常ページレイアウトが選択されていますが、実際に印刷する前に念のため印刷プレビューで確認しておいた方が無難です。もちろん、印刷された紙に対して最終的な確認をしてから人に渡すべきであることはいうまでもありません。今回は印刷をしないので、画面左上の←をクリックします。

　ところで、保存と同様に**図 1.28** のようにクイックアクセスツールバーを使用する方法もあります。この場合、図 1.27 のような印刷の画面は表示されず、すぐに印刷が始まります。もし、クイックアクセスツールバーに が表示されていない場合は、**図 1.29** のように「クイックアクセスツールバーのユーザー設定－クイック印刷」により、表示させておく必要があります。

図 1.27　印刷の画面

図 1.28　クイック印刷　　　　　図 1.29　クイックアクセスツールバーのユーザー設定

1.7.6　ソフトの終了

　Word を終了させるには、画面右上の「閉じる」ボタン✕をクリックします。現在編集しているデータファイルを閉じたい場合は、ファイルタブを選択し「閉じる」を選択してください。Word では、同時に複数のデータファイルを開いて編集することができます。複数のデータファイルを使用している時は、表示タブを選択し「ウィンドウ─ウィンドウの切り替え」をクリックすることによって、編集するデータファイルを切り替えて使用します。

1.7.7　文書ファイルからの Word の起動

最後に、12 ページで紹介した文書ファイルであるアイコンをダブルクリックすることによって、Word を起動する方法を試してみましょう。まず、ドキュメントフォルダーを開きます。そして、kadai と literacy のフォルダーを順に開き、さらに lec01 にある work11.docx を**図1.30** のように表示させます。このアイコンをダブルクリックしてみましょう。

自動的に Word が起動されて、work11.docx がすでに編集可能な状態になっています。このように、Windows ではファイルの拡張子によって、どのソフトウェアで編集されたファイルであるかを関連付けしています。拡張子は「.」より右側の文字列のことで、work11.docx の拡張子は「docx」です。この「docx」という拡張子は、Word で作られたファイルであることを Windows が認識していることになります。そのため work11.docx のアイコンは、Word の文書ファイルを連想させるものになっているのです。同様に拡張子が「xlsx」であれば、Excelが関連付けられています。

図 1.30　work11.docx のアイコン

1.8　タイピング能力の測定

1.8.1　測定の目的

コンピューターの利用がスムーズにできるかどうかは、キーボードの入力スピードに大きな関係があると考えられます。そこで、あなたの入力スピードを測定し他の人と比較することで、現時点での自分の能力を確認しておきましょう。

1．8．2　測定のルール

　本書の 1.1 節から 1.3 節までを入力対象とします。分量は約 2300 字あります。これを決められた時間内に、どれだけ Word でタイプできるかを競います。ルールは次の通りです。

　① 入力時間は、20 分とする。

　② 入力方法がわからない記号や文字があれば、とばして入力する。

　③ 体裁等は整えなくてよいので、時間内にひたすら入力し続ける。

　④ 入力された漢字とひらがなが、見本通りかを確認しながら入力を続ける。

　以上のルールを理解したら、早速始めましょう。

1．8．3　測定の方法

　入力時間が終了したら、何文字入力できたかを数えてみましょう。**図 1.31** のように校閲タブを選択し「文章校正－文字カウント」をクリックします。**図 1.32** のような「文字カウント」のダイアログが表示されますので、この中の「文字数(スペースを含めない)」の値があなたのスコアです。図の例では 1487 文字がスコアとなります。次にあなたのスコアを記述しておきましょう。

　　私のスコアは　　　　　　　　　　文字です。

　入力できたところまでを演習用のフォルダーlec01 に、work12.docx という名前で保存します。

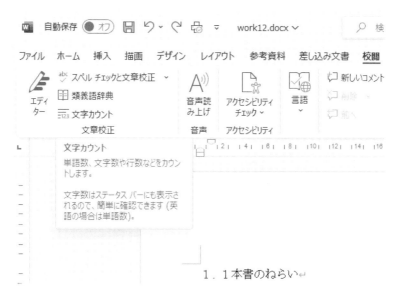

図 1.31　測定方法

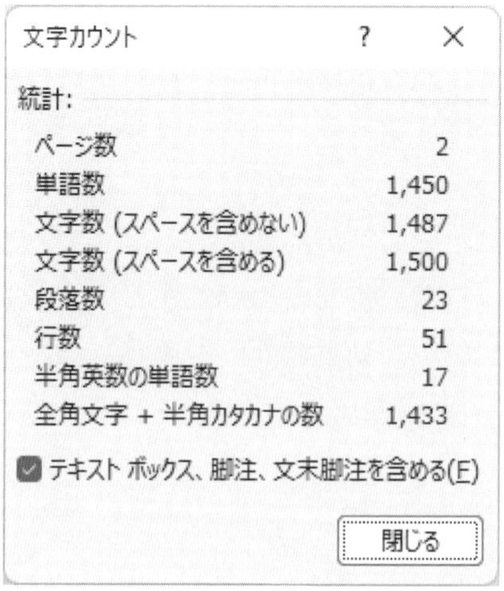

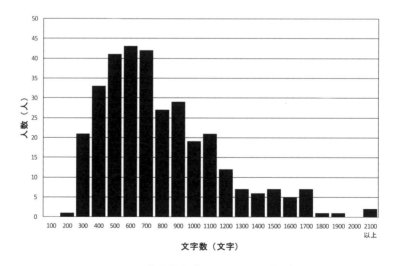

図 1.32　文字カウントのダイアログ

1.8.4　測定結果について

　それでは、他の人との比較をしましょう。**図 1.33** は、ある年度における演習開始前の 325
名のタイピング速度をまとめたものです。平均は約 837 文字でした。このグラフを使って、
あなたのタイプ能力を評価してみましょう。ただし、自分の結果が芳しくなくてもまったく
悲観する必要はありません。キーボード入力に慣れているかどうかの違いだけです。この演
習が終わる頃には、きっと向上しているでしょう。実際に同じような測定を13週間後に実施
した結果、平均は約 1007 文字になり、分布も**図 1.34** のように変化しました。600 文字未満
の人は激減し、逆に 800 文字以上の人が増加していることがわかります。

図 1.33　演習開始前のタイピング能力

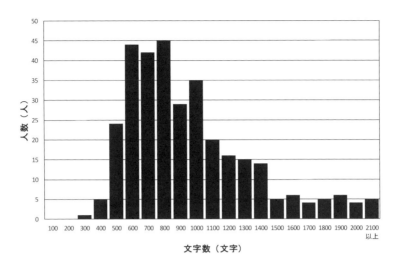

図 1.34　演習終了後のタイピング能力

　うまく入力できるようになるには、1 〜 2 本の指だけでキーボードを押すのではなく、我流でも 10 本の指でキーボードを押す練習をすることです。できることならタッチタイプの訓練を受けるのがいいのでしょうが、我流でも十分なスピードになります。タッチタイプについては、各自で調べましょう。また、筆者の入力スピードは 1,250 文字程度でした。1,000 文字を超えるとストレスなく入力できると思われます。

1.9　課題1

　今回の課題は、残りを入力して work12.docx を完成させておくことです。次章で使用しますので、必ず完成させておくようにしてください。

第2章　文書の体裁を整える設定

2.1　はじめに

　本書4ページの図1.2で示したWordの役割は、指定された体裁で文書を作成することでした。さらに、数式や図が必要な場合もWordの画面上で作成します。また図1.2では、その中心にWordが配置されています。これは本書がレポートや学術論文の作成を目的としており、Wordは主として文書の作成に使用されるからです。文書は情報や知識を正確に伝える手段であり、この意味で文書の作成能力は重要といえます。学術論文を書くわけではなくても、文書を作成する能力を養っておかなくてはなりません。

　ところで一般に学術論文には所定の体裁があり、それにしたがって作成しなくてはなりません。しかし論文の体裁は学術雑誌によって異なるために、それぞれの執筆要領等をよく読んで自分で体裁を整える必要があります。また、レポート等においても同様です。そのために指定された体裁で執筆する方法を、理解しておかなければなりません。

　そこで、本章では文書の体裁を整える方法を理解し、文書作成を容易にするために、次にあげた項目に関する演習を行います。

　① ページ設定
　② 書式設定
　③ ヘッダーとフッターの挿入
　④ カット(コピー)&ペーストの操作方法
　⑤ アンドゥとリドゥ
　⑥ 印刷オプション

2.2　ページの設定

　ページ設定とは、文書全体の体裁を決定することです。すなわち用紙のサイズや印刷の向き、さらに余白の大きさ等です。ここでは、第1章で作成したwork12.docxを表2.1に示されるページ設定に変更してみましょう。このページ設定は、文章の入力前でも入力後でもかまいません。しかし、段組みの設定を考えているような場合には、文書の作成前が望ましいといえます。ここで設定されているフォントサイズを使って、段組みの文字数が計算されるからです。

　図2.1のようにレイアウトタブを選択し、ページ設定グループのダイアログボックス起動ツール ↘ をクリックすれば、**図**2.2の「ページ設定」のダイアログが表示されます。

表2.1　ページ設定の内容

用紙サイズ	A4
余白(上下)	25
余白(左右)	20
フォントの種類	MS明朝 Century
フォントのサイズ	10.5
文字数	40
行数	30

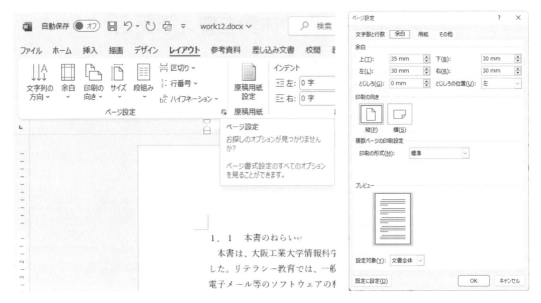

図 2.1 ダイアログボックス起動ツールの選択 　　図 2.2 ページ設定のダイアログ（余白）

　ダイアログの上部には、「文字数と行数」、「余白」、「用紙」、「その他」という 4 種類のタブがあります。これらのタブから選択して、各種の設定を行うことができます。ここでは、まず、用紙サイズを指定してみましょう。用紙のタブを選択して、用紙サイズの欄が「A4」になっていることを確認してください。次に余白のタブを選択し、図 2.2 の余白の欄の各項目の値を変更することによって余白の大きさなどを設定することができます。表 2.1 の通り、上と下の余白をそれぞれ「25mm」に、左と右の余白は「20mm」に設定しましょう。

　さらに、文字数と行数のタブを選択すれば、**図 2.3** のように文字方向や文字数および行数、フォント等を設定できます。まずは、下部にある「フォントの設定」をクリックしましょう。これにより**図 2.4** のような「フォント」のダイアログが表示されます。日本語用のフォントのボックスは「+本文のフォント－日本語」、英数字用のフォントのボックスは「+本文のフォント」と表示されています。そこで前者に「MS 明朝」、後者には「Century」を設定しておきましょう。さらに、サイズが「10.5」になっていることを確認して「OK」ボタンをクリックします。図 2.3 のダイアログに戻りますので、文字数と行数の指定のところで「文字数と行数を指定する」を選択します。そして文字数を「40」、行数を「30」に設定します。このページ設定は、文字や行単位ではなくページ単位での変更になります。図 2.2 や図 2.3 のプレビューの項目にある設定対象の「これ以降」を使用することで、ページ単位で設定することができます。

　以上の設定により、文書全体のページ設定が表 2.1 のように変更されました。実際には**図 2.5** のようになっているはずです。ここまでをファイル名 work21.docx としてフォルダーlec02 に保存しましょう。また「ページ設定」のダイアログで、他にどのような設定ができるのかを各自で確認しておきましょう。

図 2.3　ページ設定のダイアログ
（文字数と行数）

図 2.4　フォントのダイアログ a

図 2.5　ページ設定が適用された文書

2.3　書式の設定

2.3.1　個々の書式設定

　ページ設定では、文書全体もしくはページ単位での書式の設定ができました。しかし、文や文字単位で書式を変更する場面は多々考えられます。そこでフォントや段落、段組みの設定方法について解説します。

2.3.2　フォントの設定

　文字の表示形式を変更するには、**フォントの設定**を使います。Word ではテキストに書式という属性が加えられており、この属性の変更方法と理解すればよいでしょう。設定できる項目は、フォントの種類とスタイル、サイズや文字飾り等です。フォントの色を変更したり、文字に下線を加えたりすることもできます。

　それでは work21.docx における各章の見出しを変更してみましょう。方法としては、まず**図 2.6** のように対象となる文字をマウスでドラッグして選択します。そして、**図 2.7** のようにフォントグループのダイアログボックス起動ツールを選択し、**図 2.8** のような「フォント」のダイアログを表示させます。この図に示してある通り、日本語用のフォントを「MS ゴシック」、サイズを「12」に変更して、「OK」ボタンをクリックすれば完了です。**図 2.9** のように大きな文字で表示されていることを確認しましょう。またこのダイアログの「詳細設定」のタブを選択すれば、文字間隔や文字の位置等を調整することができます。

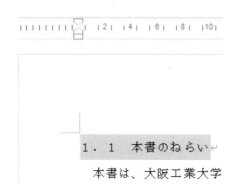

図 2.6　選択された文字

図 2.7　フォントのダイアログボックス起動ツールの選択

図 2.8　フォントのダイアログb

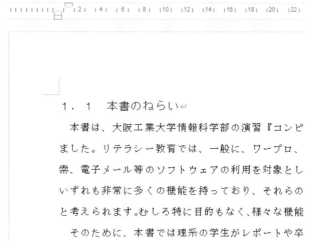

図 2.9　設定の変更後

　以上のようにダイアログを使って設定することもできますが、**図 2.10** に示されているコマンドボタンを利用する方法もあります。修飾したい文字を選択した状態で、必要なコマンドボタンをクリックすることにより、その書体が適用されます。また、グループのコマンドボタンにマウスカーソルを合わせれば、そのコマンドボタンの機能を表すヒントが表示されます。

　それでは各自で「１．２　本書における学習モデル」、「１．３　レポートや論文作成に必要な機能」についても同じ体裁に変更しましょう。そして、ここまでを work21.docx に上書き保存しておきましょう。

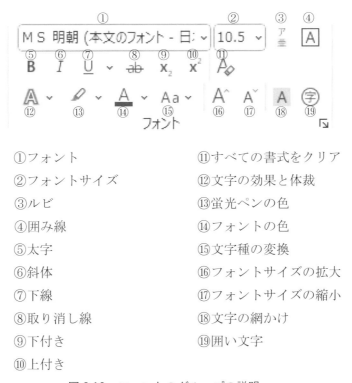

①フォント
②フォントサイズ
③ルビ
④囲み線
⑤太字
⑥斜体
⑦下線
⑧取り消し線
⑨下付き
⑩上付き

⑪すべての書式をクリア
⑫文字の効果と体裁
⑬蛍光ペンの色
⑭フォントの色
⑮文字種の変換
⑯フォントサイズの拡大
⑰フォントサイズの縮小
⑱文字の網かけ
⑲囲い文字

図 2.10　フォントのグループの説明

２．３．３　段落の設定

　段落の設定では配置やインデント、さらには行間等を変更することができます。**図 2.11** のようにホームタブの段落グループのダイアログボックス起動ツールを選択し、**図 2.12** の「段落」のダイアログを表示させます。全般の欄の配置では、段落を右揃えや中央揃え等に変更できます。またインデントの機能は、段落の開始位置と終了位置を指定することです。また、レイアウトタブの段落グループのダイアログボックス起動ツールを選択しても図 2.12 のダイアログを表示させることができます。

　Word での行間とは、**図 2.13** に示した通り、ある行の下端から次の行の下端までの間隔を指します。この行間は、間隔の項目にある行間と間隔を使って設定します。行間で指定できる項目は、大きく分けて「最小値」と「固定値」、そして「倍数」の３種類です。まず「倍

数」とは、基本行送り値の倍数で設定することです。行間で「倍数」を選択し、間隔でその値を指定します。また行間内にある「1行」、「1.5 行」、「2行」とは、この「倍数」の値です。また「最小値」と「固定値」は、間隔をポイントで指定します。前者は指定したポイントが基本行送り値より小さければ変化せず、大きければその値で行送りされます。後者は基本行送り値にかかわらず、指定したポイントで行送りされます。そのためフォントサイズより小さい値が指定されると、フォントが欠けてしまうことがあります。

図 2.11　段落グループのダイアログボックス起動ツールの選択

図 2.12　段落のダイアログ　　　　　　図 2.13　行間の説明

　ここで注意しておかなければならないのは、間隔の項目の下部にある「1 ページの行数を指定時に文字を行グリッド線に合わせる」のチェックを外しておいた方がよいということです。チェックを外しておかなければ、指定した通りに表示されないこともあります。また間

隔の指定は、ポイント以外にも mm で指定することもできます。なお、このダイアログを使えばインデントや段落の前後の間隔を調整することができます。

　「段落」のダイアログを使用する以外にも、前後のインデントと間隔は**図 2.14** に示されるグループを利用する方法があります。配置等については、**図 2.15** に示されるグループを使用する方法もあります。各自で試しておきましょう。

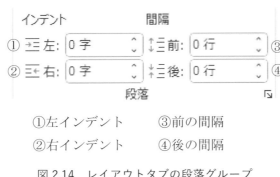

①左インデント　　③前の間隔
②右インデント　　④後の間隔

図 2.14　レイアウトタブの段落グループ

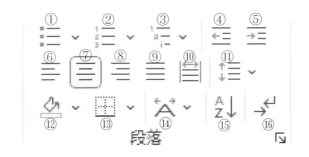

①箇条書き　　　　⑦中央揃え　　　　⑬罫線
②段落番号　　　　⑧右揃え　　　　　⑭拡張書式
③アウトライン　　⑨両端揃え　　　　⑮並べ替え
④インデントを減らす　⑩均等割り付け　⑯編集記号の表示/非表示
⑤インデントを増やす　⑪行と段落の間隔
⑥左揃え　　　　　⑫塗りつぶし

図 2.15　ホームタブの段落グループ

2.3.4　段組みの設定

　ページをいくつかの段に分けて、レイアウトすることを**段組み**といいます。論文や記事には多く見られます。設定方法としては、**図 2.16** のようにレイアウトタブを選択して「ページ設定－段組み－段組みの詳細設定」をクリックし、**図 2.17** のような「段組み」のダイアログを表示させます。そして種類の項目で段の数と体裁を選択することができますが、段数の欄

に、直接、数値を入力することもできます。また各段の幅とその間隔を指定することができます。これらの文字数は、図 2.4 のフォントのダイアログ a で設定されたフォントのサイズを基に適用されます。

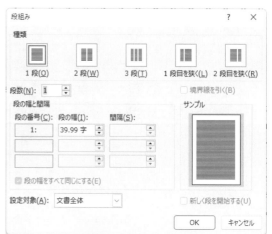

図 2.16 ページ設定の段組みの選択   図 2.17 段組みのダイアログ

例として work21.docx を 2 段組みにしてみましょう。**図 2.18** のように「段組み」のダイアログで種類を「2 段」に選択し、間隔を「2 字」に設定してみましょう。そして「OK」ボタンをクリックすれば、**図 2.19** のように文書全体が 2 段組みになります。あらかじめ設定したい領域をマウスでドラッグしておけば、文書の一部だけを段組み設定することができます。もしくは図 2.18 のダイアログの設定対象で「これ以降」をうまく利用する方法もあります。設定が完了すれば、ファイル名を work22.docx として保存しましょう。

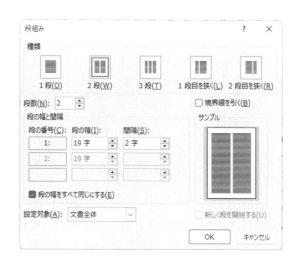

図 2.18 段組みの設定

図 2.19　２段組みの文書

2.4　ヘッダーとフッター

2.4.1　ヘッダーとフッターの概要

　ヘッダーや**フッター**は、各ページの余白部分に共通して印刷される文字等のことです。一般には、文書のタイトルやページ番号等を印刷しますが、文字以外のオブジェクトも使用できます。ヘッダーでは文書の各ページの上部余白部分に、フッターでは各ページの下部余白部分に共通して印刷されます。

2.4.2　ヘッダーの挿入

　まず、挿入タブを選択し「ヘッダーとフッター―ヘッダー」をクリックします。そして、**図 2.20** のように「ヘッダーの編集」を選択すれば、ヘッダーが編集可能になります。その際、**図 2.21** のように「ヘッダー/フッターツール」のデザインのタブが追加されます。文書をスクロールバーによって移動させて、ヘッダーとフッターの入力領域が表示されていることを確認しましょう。

　それではヘッダー部分に図 2.21 のように「コンピュータリテラシー」と入力してみましょう。この文字の位置を変更するには、図 2.15 で示した段落グループの右揃えのボタンを利用します。またヘッダーの編集を一旦終了しても、ヘッダーの領域をダブルクリックすれば再び編集が可能になります。

図 2.20　ヘッダーの編集の選択

図 2.21　ヘッダーの入力

2.4.3　フッターの挿入

　ページ番号等の特殊な文字を挿入したい場合は、「ヘッダー/フッターツール」のデザイン
のタブをクリックします。ここでは**図 2.22** のように、飾りの付いたページ番号をフッターの
中央に入れてみましょう。まず、図 2.21 で示した「ヘッダー/フッターツール」のデザイン
のリボンの「ヘッダーとフッター―ページ番号」をクリックします。そして、「ページ下部
―番号のみ 2」を選択します。次に、「ヘッダーとフッター―ページ番号―ページ番号の書
式設定」をクリックします。これにより、**図 2.23** のようなダイアログが表示されます。この
ダイアログの番号書式を**図 2.24** のように変更しましょう。

　ヘッダーとフッターの編集が終われば、図 2.21 にあるデザインのリボンの「ヘッダーとフ
ッターを閉じる」をクリックします。そして、すべてのページにヘッダーとフッターが表示
されているか確認してみましょう。ここまでを work23.docx として保存します。

図 2.22　ページ番号の挿入

図 2.23　ページ番号の書式のダイアログ　　図 2.24　番号書式の変更

2.5　編集の効率化

2.5.1　移動とコピー

　移動やコピーは、編集作業において最も基本的な操作の１つといえます。この移動やコピーは、文字だけでなく図形等のオブジェクト、およびファイルも対象となります。文書から文字列等を切り取って別の場所に貼り込む作業をカットアンドペースト、同様に、複写し別の場所に貼り込む作業をコピーアンドペーストと呼んでいます。操作方法としてはいくつかあり、次の通りです。

（１）カット(コピー)したい領域をマウスやキーボードで選択します。

（２-a）領域を切り取りする方法は、次の３通りです。

　　① **図 2.25** のようにホームタブを選択し「クリップボード―切り取り」をクリックする。

　　② **図 2.26** のように右クリックのメニューで「切り取り」を選択する。

　　③ ショートカットキーCtrl+X を使う("Ctrl"を押しながら"X"を押す)。

（２-b）コピーの場合にも、次の３通りの方法があります。

　　① ホームタブの「クリップボード―コピー」を選択する。

　　② 右クリックのメニューで「コピー」を選択する。

　　③ ショートカットキーCtrl+C を使う("Ctrl"を押しながら"C"を押す)。

（３）カット(コピー)したものを貼り付ける位置にカーソルを移動します。

（４）カット(コピー)したものを貼り付けます。

　①　ホームタブの「クリップボード－貼り付け」を選択する。

　②　右クリックのメニューで「貼り付け」を選択する。

　③　ショートカットキーCtrl+V を使う(“Ctrl”を押しながら“V”を押す)。

　以上の通りいくつかの操作方法がありますが、ショートカットキーを使う方法がもっとも便利です。この機会に Ctrl+X と Ctrl+C、および Ctrl+V のショートカットキーを覚えましょう。また移動とコピーは、異なるアプリケーションソフトの間でも可能です。この他にも多くのショートカットキーがあります。各自で調べてみましょう。

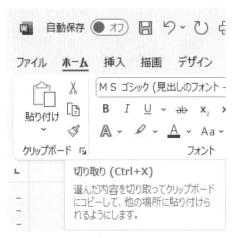

図 2.25　クリップボードのグループ

図 2.26　右クリックのメニュー

2.5.2　書式のコピー

　テキスト情報ではなく、その文字の書式だけをコピーして貼り付けることもできます。これには、ホームタブを選択し「クリップボード－書式のコピー/貼り付け」をクリックします。コピーしたい範囲をマウスで選択して書式のコピー/貼り付けボタン🖌をクリックすれば、書式だけがコピーされます。アイコンが🖌に変わっているのを確認しましょう。この状態で文字列を選択すれば、そこに書式が貼り付けられます。

2.5.3　操作の取り消しとやり直し

　編集操作は、それを取り消したり、やり直したりすることができます。前者を**アンドゥ**(Undo)と呼び、後者を**リドゥ**(Redo)といいます。取り消しの操作方法は、**図 2.27** のクイックアクセスツールバーの元に戻すをクリックします。これに対してやり直しは、図 2.27 のクイックアクセスツールバーのやり直しをクリックします。それでは実際に work23.docx の書式の一部を変更してみて、アンドゥとリドゥの動作を確認してみましょう。これらの他に、繰り返しを行うリピート(Repeat)があります。ここでは work23.docx を保存せずに終了します。

元に戻す（アンドゥ）　　やり直し（リドゥ）　　繰り返し（リピート）

図 2.27　アンドゥとリドゥおよびリピートのボタン

2.6　印刷の設定

　印刷の方法は第 1 章で説明した通りですが、印刷の設定を変更することもできます。印刷の設定には、印刷範囲や印刷部数を始め、拡大や縮小の指定もできます。拡大や縮小印刷は、文書で設定されている用紙サイズと異なる用紙にレイアウトを変更することなく印刷する機能です。すなわち、A4 サイズの文書を縮小して B5 サイズの用紙に印刷することができます。**図 2.28** の最下段にある「1 ページ/枚」をクリックして「用紙のサイズを指定」を選択し、その中から希望の用紙サイズを指定すれば拡大もしくは縮小して印刷されます。また、複数のページを 1 枚の用紙に印刷することもできます。先程の「1 ページ/枚」をクリックして選択すれば、1 枚の用紙に指定されたページ数分が印刷されます。

　さらに、プリンター独自の印刷設定もあります。図 2.28 のプリンターのところの「プリンターのプロパティ」をクリックすれば、**図 2.29** のようなダイアログが表示されます。このダイアログを使ってプリンター独自の設定ができます。例えば、図 2.29 のレイアウトタブにある「まとめて 1 枚」のドロップダウンリストから選択すれば、先程と同じように 1 枚の用紙に複数のページを印刷することができます。またプリンターによっては両面印刷のようなオプションが指定できるものもあります。図 2.29 では「両面」の値がすでに「長辺とじ」となっており、両面印刷されることになります。ただし、プリンターによってオプションは異なりますので、詳しくはプリンターのマニュアルを読むといいでしょう。

図 2.28　印刷の設定　　　　　図 2.29　プリンターのプロパティのダイアログ

2.7 課題2

前回作成した work12.docx を開きます。そして、次に示した体裁に整え、work24.docx として保存します。レイアウトの見本は、**図** 2.30 の通りです。

① 「ページ設定」のダイアログを使って、ページの余白を上下 30mm、左右 20mm に設定します。

② フォントサイズを 10.5 ポイントに設定し、フォントの種類は MS 明朝を使用します。

③ 節の見出しのフォントは、MS ゴシックとします。

④ 節の見出しの下には空行を挿入します。

⑤ 1 ページの行数は 40 行とします。

⑥ 図 2.30 の太枠で囲まれた領域には、1 行目に章の見出しとして「第 1 章　演習を始める前に」を中央揃えで入力し、1 行改行します。

⑦ 章の見出しのフォントサイズを 12 ポイントに設定し、MS ゴシックとします。

⑧ 章の見出しの下に中央揃えで各自の「学生番号」と「氏名」を入力し、さらに 1 行改行しておきます。

⑨ さらにその下には、次の内容を MS 明朝の 9 ポイントで入力します。

————

　本書は、大阪工業大学情報科学部の演習科目『コンピュータリテラシー』のために用意されたものである。この本の特色は、レポートや学術論文を執筆することを目的として、演習を進めることが特徴である。そして、リテラシーを水準 1 〜 5 までの 5 段階の階層として定義し、水準 3 まで達成することを演習の目標としている。

　主な演習内容は、Word におけるページ設定の方法および図や数式の作成方法、Excel によるデータの集計と分析およびグラフや表の作成方法、PowerPoint によるプレゼンテーション用資料の作成方法である。さらに、各アプリケーションを連携して利用する方法についても演習を行う。また電子メールの送受信や Web ページの閲覧方法についても解説している。

　最後に、演習の成果を測定する方法について提示するとともに、残された課題について論じている。

————

⑩ 本文は図 2.30 の網掛けされた領域のように、2 段組みとします。

⑪ 1 段の文字数は、22 文字とします。

⑫ 最終ページの左右の行数を揃えるには、文末でレイアウトタブを選択し「ページ設定－区切り－現在の位置から開始」をクリックします。

⑬ 各ページの右上にはヘッダーとして、「コンピュータリテラシー」を挿入します。

⑭ ヘッダーは MS 明朝の 10 ポイントとします。

⑮ 各ページの下側中央に、ページ番号を「− 1 −」や「− 2 −」の形式で挿入します。

⑯ ページ番号は MS 明朝の 10 ポイントとします。

⑰ 印刷オプションを使って、1 枚の用紙の片面に 2 ページ分を印刷します。

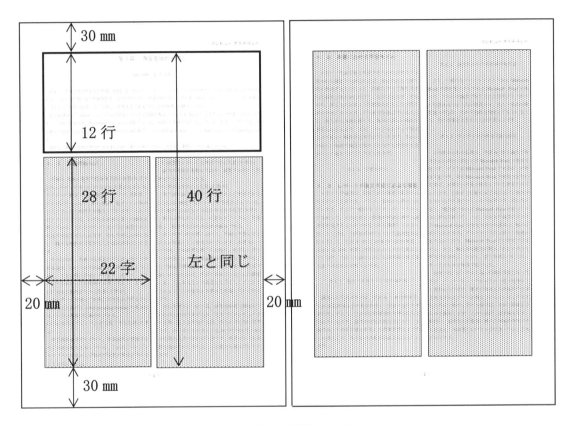

図 2.30　レポート課題のレイアウト

第3章　数式と図の作成方法

3.1　はじめに

　前章では、文書の体裁を整えるための方法について解説しました。本書における Word の
もう１つの役割は、数式と図の作成です。レポートや学術論文では、概念やモデルを説明す
るために図が使われ、客観的な論理展開のために数式がよく用いられています。また Word
で作られた数式や図は、PowerPoint でプレゼンテーションの資料を作成する際にもオブジェ
クトとして利用します。そのために、Word における数式や図の作成方法について十分に理
解しておく必要があります。

　単に図を作成できるというだけではなく、用意されている機能をうまく使って、効率よく
図を描ける必要があります。当然、習熟も重要です。また図の提示方法や数式の配置方法に
ついても、知っておいた方がよいでしょう。さらに、図や数式といったオブジェクトの操作
方法や書式設定についても理解が必要となります。

　そこで、今回は次の項目に関する演習を行います。
① 数式ツールによる数式の作成
② タブの設定方法
③ 図の作成方法
④ オブジェクトの操作と書式設定
⑤ マクロの記録とその利用

3.2　数式の作成

3.2.1　数式の体裁と作成方法

　科学技術論文やレポートを作成するうえで、記号や数式の使用は欠かせません。論文やレ
ポートで使用される記号や数式は、半角文字が使用されます。また、**図 3.1** のような体裁で
記述されることが多いようです。この図で説明されている通り、変数は半角の斜体で表記し
ます。しかし、三角関数等は斜体にしませんので、注意が必要です。

　簡単な式であれば、図 3.1 に示されている書式に合わせることで数式や記号を作成するこ
とができます。しかし、分数や積分記号等を使用する数式を作成するには、数式ツールを利
用します。この数式ツールを使えば、単純な四則演算だけではなく、複雑な数式も容易に記
述することができます。数式ツールによる数式の作成方法は、２種類あります。あらかじめ
登録されている数式をもとに編集する方法と、デザインタブを利用して一から作成する方法
です。本書ではまず、汎用性の高い後者での作成方法について解説しますが、次ページに移
る前に Word を起動して文書作成の準備をしてください。そして、ウィンドウが最大化され
ていることを確認しておきましょう。

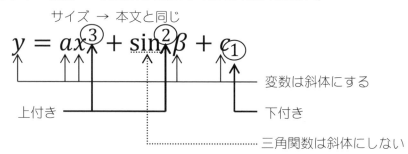

図 3.1　一般的な数式の体裁

3.2.2　数式ツールの構造

　数式作成の演習に入る前に、数式ツールについて理解しておきましょう。数式ツールを使用するには、**図 3.2** のように挿入タブを選択し「記号と特殊文字－数式」をクリックします。この際に、**図 3.3** のようにコマンドボタンの左部をクリックしてください。これにより、**図 3.4** に示されているデザインタブと数式を入力する領域が表示されます。文書内に灰色で表示されているエリアを使って数式を作成します。なおボタン右部の⋅をクリックすれば、あらかじめ登録されている数式をもとに編集することになります。

図 3.2　挿入タブ　　　　　　　　　　　　　　図 3.3　数式のコマンド
　　　　　　　　　　　　　　　　　　　　　　　　　　　ボタン

図 3.4　数式ツール

　数式ツールは、図 3.4 のように４つのグループから構成されています。それらは「ツール」、「変換」、「記号と特殊文字」、そして「構造」です。最初の「ツール」は、数式の作成開始時に使用します。次に「変換」は変数や数式を変換するときに使用し、「記号と特殊文字」は**図 3.5** に示されている記号や特殊文字を挿入することができます。さらに「構造」は**図 3.6** に示されている数式のテンプレートを提供しています。

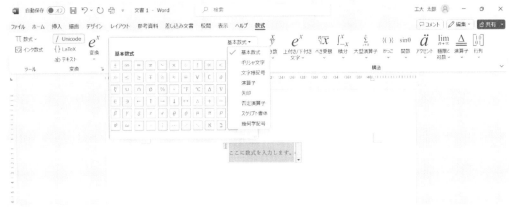

図 3.5　記号と特殊文字

① 分数：分数を使用するためのテンプレートです。

② 上付き/下付き文字：べき乗や添字を使用するためのテンプレートです。

③ べき乗根：ルート記号等のべき乗根を使用するためのテンプレートです。

④ 積分：積分記号のテンプレートです。

⑤ 大型演算子：総和や直積および集合等のテンプレートです。

⑥ かっこ：かっこを使用するためのテンプレートです。

⑦ 関数：三角関数のテンプレートです。

⑧ アクセント：平均やベクトルを示すためのテンプレートです。

⑨ 極限と対数：極限や最大・最小を示す記号や対数関数のテンプレートです。

⑩ 演算子：様々な演算子のテンプレートです。

⑪ 行列：行列に用いるテンプレートです。

図 3.6　構造グループ

３．２．３　数式ツールの使用方法

　数式ツールの機能が理解できたところで、**図 3.7** のような文書を作成してみましょう。まず、新しい文書に"変数"とタイプした後に、数式ツールを使って記号を入力します。前述の方法で数式エリアを表示させます。記号は半角の斜体で表記しますので、まず日本語入力が半角モードであることを確認してください。そして、数式タブが選択されていることを確認し、**図 3.8** に示されている「変換−ab テキスト」を２回クリックします。これにより、数式エリア全体の書式が斜体となります。図 3.1 に説明されている通り変数は斜体で記述しますが、三角関数は斜体にしませんので注意してください。

図 3.7　数式を含む文書

図 3.8　標準テキストのコマンドボタン　　　図 3.9　x の入力　　　図 3.10　全選択

　数式エリアに"x"をタイプすれば、**図 3.9** のように表示されます。うまく斜体で表示されていない場合は、数式エリアの左側の ▓ をクリックして**図 3.10** のように数式エリア全体を選択し、先程の「変換－ab テキスト」をクリックします。図 3.9 のようにうまく入力できれば、数式エリア以外の場所をクリックしましょう。同じようにして、1 行目の文を完成させてください。

　次に、図 3.7 に記述されている式(1)を入力します。図のとおり 3 行目の適当な位置に、数式エリアを表示させます。そして"y=a"をタイプします。そして、デザインタブが選択されていることを確認して、「構造－上付き/下付き文字」をクリックし、□□ を選択します。この点線の四角で表示されているボックスのことを「プレースホルダ」と呼びます。ここにタイプするには、上書きモードではなく挿入モードでなくてはなりません。

　そこで、まず、Word 画面の最下部にあるステータスバーを確認しましょう。ステータスバーについては p.13 の図 1.17 を見てください。上書きモードと表示されていれば、Insert キーを押して、挿入モードに変更します。モードの表示がない場合には、ステータスバーを右クリックし「上書き入力」にチェックを入れると、挿入モードもしくは上書きモードが表示されます。挿入モードであることが確認できれば、マウスまたは矢印キーを使って、プレースホルダを選択し、それぞれに"x"と"2"をタイプします。この状態では、"2"が入力された右側のプレースホルダが選択されている状態ですので、"→"を押してから、"+"をタイプします。

　第2項には、三角関数が含まれています。先程と同じように「構造－上付き／下付き文字」の上付き文字をクリックします。そして、左側のプレースホルダに"sin"、右側には"2"をタイプします。"→"を押した後に、「記号と特殊文字－β」をクリックします。これで、第2項が完成しました。三角関数の入力方法としては「構造－関数－三角関数」を用いる方法もあります。各自で調べておきましょう。最後となる第3項は、各自で作成してください。斜体になっていない記号があれば、その記号を選択し「変換－abc テキスト」を使って、体裁を整えてください。テンプレートを使った数式の入力方法を解説しましたが、インク数式を使えば、入力が容易になります。この方法については、p.112 で説明します。数式の入力が終われば、数式エリア以外の場所をクリックしましょう。残りの式番や文章を入力して、図 3.7 の文書が完成します。

　数式の開始位置や調整したり数式を作成した行に式番を入れたりするには、「文中数式」の形式でなくてはなりません。式番を追記すると「独立数式」から「文中数式」に変更されますが、あらかじめ図 3.11 のようにして文中数式に変更しておくのもよいと思われます。ここまでを work31.docx として保存しておきます。ところで、数式が複数行にわたる場合もあります。この時は、「=」の手前にカーソルを合わせて右クリックして、**図 3.12** のように「任意指定の改行を挿入」を選択します。これにより、数式エリア内で改行できます。あとは Tab キーを使って**図 3.13** のように位置を調整します。

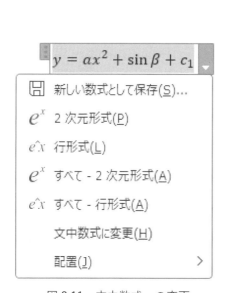

図 3.11　文中数式への変更

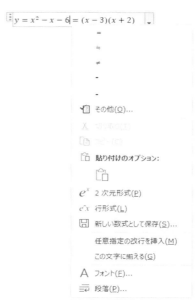

図 3.12　任意指定の改行の挿入

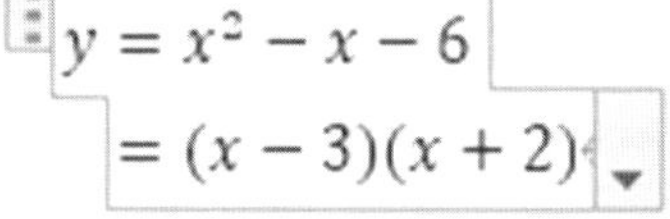

$$y = x^2 - x - 6$$
$$= (x - 3)(x + 2)$$

図 3.13　複数行にわたる数式

3．2．4 数式の登録方法

　数式ツールを使用して、自分で作った数式も登録しておくことができます。よく使う数式を登録しておけば、数式ツールを効率よく使用できます。ここでは、前項で作成した式(1)を登録してみます。**図 3.14** のように、数式エリアの右側をクリックして、「新しい数式として保存」を選択します。これにより**図 3.15** の「新しい文書パーツの作成」のダイアログが表示されます。このダイアログの名前のフィールドに、ここでは「数式1」と入力して、「OK」をクリックします。これで登録が完了しました。

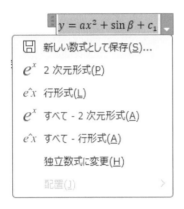

図 3.14　数式の登録方法　　　　　図 3.15　新しい文書パーツの作成のダイアログ

　次に、この数式が登録されていることを確認してみましょう。挿入タブを選択し「記号と特殊文字－数式」をクリックします。この際にボタンの下部をクリックすれば、**図 3.16** のように「数式1」が表示されます。各自で確認しておきましょう。

　登録された数式を確認したら、この数式の登録を削除します。まず、図 3.16 を表示させます。そして「数式1」の上で右クリックすると**図 3.17** のように表示されるので「整理と削除」を選択します。これにより**図 3.18** のように「文書パーツオーガナイザー」のダイアログが表示されます。既に「数式1」が選択されているので、「削除」ボタンをクリックします。後はダイアログの指示に従います。以上で「数式1」が削除されました。確認してみましょう。

図 3.16　登録された数式の確認

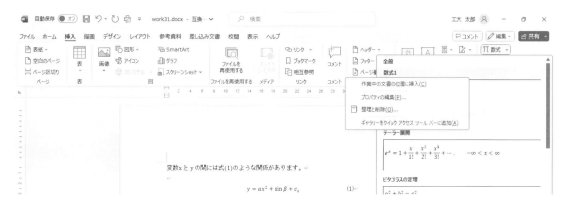

図 3.17　登録された数式の削除

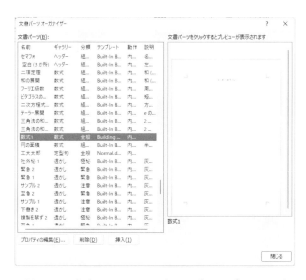

図 3.18　文書パーツオーガナイザーのダイアログ

3.2.5　数式の記述についての注意

　レポートや論文における数式の記述方法には、ある程度の決まりがあります。まず数式には、必ず式番を付けます。図 3.7 では、式番として(1)を記述しています。分量の多い文書の場合には、章ごとに整理して(2.1)や(3.1)というような記述方法もあります。

　そして本文と数式の間には、空行を 1 行入れておくと良いでしょう。図 3.7 も式の前後に改行が挿入されています。また式に使われている記号については、すべて説明が必要です。

3.2.6　練習

　新しい文書を作成し数式ツールを使って、次の式(3.1)から式(3.6)までを作成してください。式(3.1)から式(3.5)まではそれぞれ分散、標準偏差、相関係数、回帰直線の傾き、回帰直線の切片を計算する式です。式(3.6)は回帰式を表しています。なお、「$\bar{x}$」は x の平均値を意味しており「エックスバー」と読みます。それでは**図 3.19** のように、各数式の名称を記述してか

らそれぞれの式を作成しましょう。完成したら work32.docx として保存します。

$$V_A = \frac{\sum_{i=1}^{n}(\bar{x}-x_i)^2}{n} \tag{3.1}$$

$$\sigma_A = \sqrt{V_A} = \sqrt{\frac{\sum_{i=1}^{n}(\bar{x}-x_i)^2}{n}} \tag{3.2}$$

$$r = \frac{\sum_{i=1}^{n}(x_i-\bar{x})(y_i-\bar{y})}{\sqrt{\sum_{i=1}^{n}(x_i-\bar{x})^2}\sqrt{\sum_{i=1}^{n}(y_i-\bar{y})^2}} \tag{3.3}$$

$$a = \frac{\sum_{i=1}^{n}(x_i \cdot y_i)-\frac{\sum_{i=1}^{n}x_i \sum_{i=1}^{n}y_i}{n}}{\sum_{i=1}^{n}x_i^2-\frac{(\sum_{i=1}^{n}x_i)^2}{n}} \tag{3.4}$$

$$b = \frac{\sum_{i=1}^{n}y_i-a\sum_{i=1}^{n}x_i}{n} \tag{3.5}$$

$$\hat{y}_i = ax_i + b \tag{3.6}$$

図 3.19　work32.docx の完成

3.3　タブの設定

3.3.1　タブの用途

　タブの機能は、設定してある位置まで水平に文字列やカーソルを移動することです。これにより文字列を揃えることができます。あらかじめタブの設定をしておくことで、文字列の

位置を整えることができます。本書においては、特に数式や式番の位置合わせに使用しています。スペースを使った位置合わせでは、きれいに揃えることができません。

3.3.2 タブの設定方法

　位置合わせをしたい文字列の先頭にカーソルを合わせて Tab キーを押せば、設定された位置に文字列を移動することができます。タブ位置は**図 3.20** に示されている通り、4 の倍数の位置に初期設定されています。そして、水平ルーラーの適当な位置をクリックすることで、タブ位置を変更することができます。水平ルーラーが画面に表示されていない場合は、表示タブを選択して「表示－ルーラー」にチェックを入れてください。

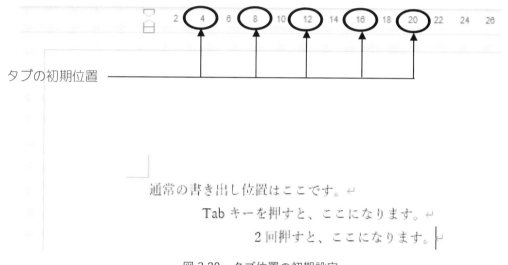

図 3.20　タブ位置の初期設定

　それでは実際に、次の手順にしたがって**図 3.21** のように work31.docx の式と式番の位置合わせをしてみましょう。式の先頭は左揃えで、式番の方は右揃えで設定します。

図 3.21　位置合わせ

(1) タブを設定する範囲の選択

　タブの設定をしたい文章の範囲を、マウスのドラッグにより選択します。ここでは文書の
すべてを選択しますので、ホームタブを選択し「編集－選択－すべて選択」をクリックしま
す。

(2) タブの種類の選択

　図 3.22 のように垂直ルーラーの上に、タブのアイコンがあります。このアイコンを使って
タブの種類を選択することができます。初期設定では図 3.22 のように左揃えに設定されてい
ます。タブは、**表** 3.1 のように 5 種類あります。タブのアイコンをクリックするたびに、タ
ブの種類が順番に変わります。また、タブ以外にも 2 種類のインデントがあります。

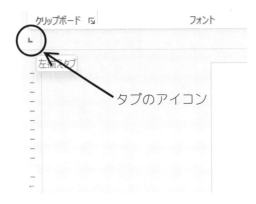

図 3.22　タブの選択

表 3.1　タブの種類

タブの種類	ボタン	意　味
左揃えタブ	∟	タブ位置に文字列の左端を合わせる
中央揃えタブ	⊥	タブ位置に文字列の中央を合わせる
右揃えタブ	⌐	タブ位置に文字列の右端を合わせる
小数点揃えタブ	⊥	文字列に小数点が含まれる場合、タブ位置に小数点がくるように合わせる
縦棒タブ	׀	文章内で設定されているタブ位置に棒線を入れる

(3) タブ位置の設定

　水平ルーラーをクリックして、タブ位置を設定します。クリックした位置には印が記入さ
れます。この印をタブマーカーと呼んでいます。タブマーカーをドラッグするとタブ位置を
動かすことができます。まず、式の先頭が左揃えになるように設定します。タブの種類が左
揃えタブ ∟ になっていることを確認して、**図** 3.23 のように 2 付近に左揃えタブを設定しま
しょう。次に式番が右揃えになるように設定します。タブのアイコンをクリックして、タブ

の種類を右揃えタブ  に変更して、図 3.23 のように 38 付近に右揃えタブを設定します。

図 3.23　タブ位置を記入

（4）位置合わせ

　文字列を設定した位置に揃えます。文字の選択を解除して数式の先頭にカーソルを合わせて、Tab キーを押して数式を設定したタブ位置に左揃えしましょう。次に式番の左側にカーソルを合わせて、Tab キーを押して式番を設定したタブ位置に右揃えします。

　ここまでを上書き保存しておきましょう。

（5）タブの削除

　タブの設定を削除するには、タブマーカーを水平ルーラー以外の場所にドラッグします。タブマーカーが消えていることを確認しておきましょう。

3．3．3　練習

　work32.docx においてタブ揃えを利用して、**図 3.24** のように式と式番の位置を合わせましょう。完成すれば上書き保存して、work31.docx と work32.docx を閉じます。

図 3.24　位置合わせの練習

3.4　図の作成

3.4.1　図形の挿入方法

　科学技術論文やレポートにおいて、数式とともに欠かせないのが図です。Word では、概念図等のように比較的簡単な図を描くことができます。ここでは、図形の挿入方法について解説します。まず、ファイルタブを選択し「オプション」をクリックして、「Word のオプション」のダイアログを開きます。詳細設定を選択して、**図 3.25** の点線で囲まれている「オートシェイプの挿入時、自動的に新しい描画キャンバスを作成する」の項目にチェックが入っていることを確認し、「OK」をクリックしてください。

図 3.25　Word のオプションのダイアログ

　そして新しいファイルを開いて、挿入タブを選択して「図－図形」をクリックして**図 3.26**のように図形の一覧を表示させます。この中から描画したい図形を選択します。ここでは、図 3.26 の通り「基本図形－楕円」をクリックします。

　このクリックにより、**図 3.27** のように描画キャンバスが表示されます。これは、図 3.25 のダイアログで描画キャンバスの自動作成の項目にチェックが入っているからです。また、図 3.27 の状態で Esc キーを押せば、描画キャンバスをキャンセルすることができます。この描画キャンバスの利点については後述します。

　それでは試しに、楕円を作成してみましょう。描画キャンバス内の適切な位置でドラッグすれば、図形が描画されます。描画された図形をドラッグすれば、位置を変えることができます。また、**図 3.28** に示されているハンドルマークをドラッグして、大きさを調整することもできます。さらに、各自で長方形も描画してみましょう。

図 3.26　図形の挿入

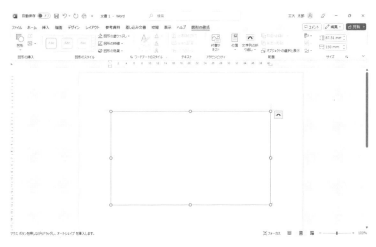

図 3.27　図の作成画面

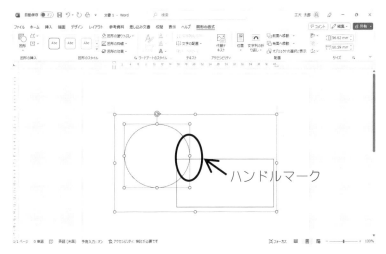

図 3.28　図形の描画

3.4.2 描画キャンバス

　本書では、**描画キャンバス**を使って図を作成するようにしています。これは描画キャンバスに配置された図形やクリップアート等を、1つのオブジェクトとして扱うことができるからです。すなわち、複数の図形等を同時に拡大、縮小したり移動したりすることが容易になり、非常に便利です。ただし逆に考えると、使用する図形の数が少ない時には別に使用する必要はありません。

　さて、描画キャンバス内をクリックすると図 3.29 の左上部のように表示されます。この状態によるサイズ変更では、キャンバス内の図形等は拡縮されず、描画領域だけを広げたり狭めたりすることになります。つまり、キャンバス内の図形等の大きさに対して、描画キャンバスを適切な広さに変更するために使用されます。もし、キャンバス内の図形全体を拡縮する場合には、図左上部の状態で、描画キャンバスの枠線上を右クリックして、図 3.29 の中央部のように「描画のサイズ変更」を選択します。そして、図右上部のように描画キャンバスのハンドルをドラッグすれば、描画キャンバス内の図形も合わせて拡縮されます。もう一度、図中下部の「描画のサイズ変更」を選択すれば、図の左側の状態に戻ります。

　ところで複雑な図を作成する時には、描画領域が足りなくなることがあります。この場合には、まず描画キャンバスを縮小します。その後に、図 3.29 の左側の状態で描画領域を広げることで対応することができます。

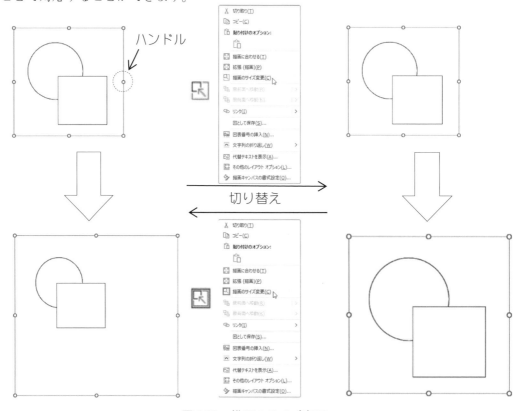

図 3.29　描画のサイズ変更

3．4．3　グリッドの設定

　グリッドとは、オブジェクトの配置に使用される格子のことです。直線をまっすぐに描いたり、描画オブジェクトをきれいに配置したりするためには不可欠です。Word には、このグリッド線の表示と非表示を切り替える機能があります。レイアウトタブの「配置－配置」をクリックして、メニューから「グリッド線の表示」を選択することによって、表示と非表示を切り替えることができます。

　次に、このグリッド線の設定をします。レイアウトタブの「配置－配置」のメニューから「グリッドの設定」を選択して、「グリッドとガイド」のダイアログを開きます。ウィンドウの大きさによっては、「配置」グループがプルダウンメニューになっていることもあります。そして、図 3.30 のように「グリッド線が非表示のときに描画オブジェクトをグリッド線に合わせる」の項目がチェックされていることを確認します。これにより描画オブジェクトは、グリッド線が非表示になってもこの格子点を基準に配置されることになります。例えば直線の描画オブジェクトでは、その始点と終点は格子点以外を設定できません。逆にグリッド線上以外に描画オブジェクトを配置するには、このチェックをはずしてグリッド線を非表示にしておきます。

図 3.30　グリッド線のダイアログ

　さてグリッド線を格子状に表示させるためには、文字グリッド線も表示させる必要があります。そこで「文字グリッド線を表示する間隔」の項目にチェックして、表示するグリッド線の間隔の値を設定します。ここでは「2」と設定して、「OK」ボタンをクリックします。これにより、図 3.31 のように、格子状にグリッド線が表示されます。ここで設定した間隔は、あくまでも表示するグリッド線の間隔です。今回は間隔を「2」と設定しましたので、図 3.32 のような状態になっています。すなわち2本に1本の割合で表示されますが、非表示のグリッド線も有効です。

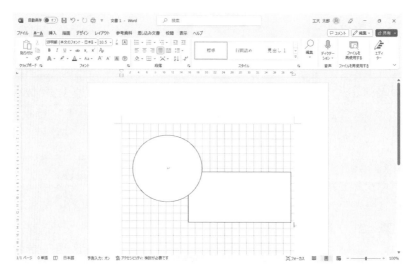

図 3.31   格子状のグリッド線

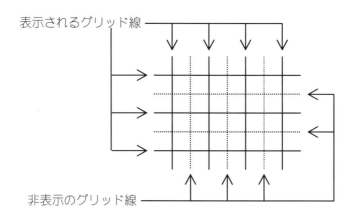

図 3.32   表示されるグリッド線と非表示のグリッド線

3．4．4 図の作成方法

　それでは、実際に**図 3.33** のような組織図を作成してみましょう。まず、挿入タブを選択して「図－図形」をクリックします。そして、表示された候補の中から描画オブジェクトを選択して追加します。具体的には、次の手順になります。

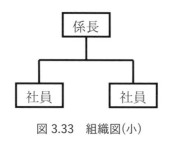

図 3.33   組織図(小)

（1）テキストボックスの挿入

　テキストボックスは、文字列または図を格納し表示することができる図形です。文字列は、縦書きか横書きのいずれかを選択できます。さらに、テキストボックスは、他の図形と同様に移動とサイズの変更が可能です。

　挿入タブを選択し「図－図形－基本図形」のテキストボックス🄰をクリックします。挿入タブを選択し「テキスト－テキストボックス」からクリックしてもかまいません。そして適当な場所でクリックして、テキストボックスを表示させます。ここでボックス内に"係長"とタイプして中央揃えにします。次に、テキストボックスのハンドルマークをドラッグして、**図** 3.34 と同じ大きさに合わせます。また、テキストボックス上でマウスポインターを合わせて🕂のように表示される位置でドラッグすれば、テキストボックスを適当な位置に移動することができます。

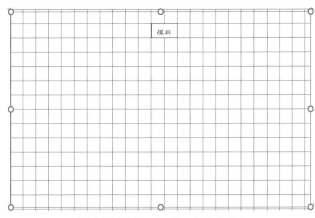

図 3.34 テキストボックスの挿入

（2）テキストボックスの書式設定

　図 3.34 では、文字の一部分が切れてしまい全体が表示されていません。そこで、「図形の書式設定」を使って整えます。次の 2 つの方法のどちらかを使って、図形の書式設定の作業ウィンドウを開きます。

　①　テキストボックスを選択して、書式タブの図形のスタイルグループのダイアログボックス起動ツールを選択する。

　②　テキストボックスの枠の部分を右クリックして、図形の書式設定を選択する。

　そして、この作業ウィンドウの上部にあるアイコン▦をクリックすれば**図** 3.35 が表示されます。ここで、テキストボックスの項目内にある「上余白」の値を調整して、文字全体を表示させます。また、「図形内でテキストを折り返す」のチェックをはずしておきます。

　さらに、枠線を太くしてみましょう。先ほどの図形の書式設定において、アイコン◇をクリックすれば**図** 3.36 のように表示されます。そして、線の項目内の「幅」の値を「1.5pt」に変更してみましょう。直接入力することもできます。設定が終われば図形の書式設定を閉じます。テキストボックスの枠線が太くなったことを確認しておきましょう。

図 3.35 レイアウトとプロパティ

図 3.36 塗りつぶしと線

　この他にも様々な変更ができます。テキストボックスの枠線の色を変更するには、図 3.36 の「色」のプルダウンメニューから選択して設定します。また、塗りつぶしの項目では、オブジェクトの領域の色を設定することができます。ただし、白色と塗りつぶしなしとは異なりますので注意が必要です。他の設定については、各自で調べておきましょう。

（3）テキストボックスのコピー

　ここでは、テキストボックスのコピーの方法について解説します。図 3.33 には社員と書かれたテキストボックスが 2 つあります。そこで先程と同様にして、社員と書かれたテキストボックスを作成しておき、それをコピーして使用します。

　実際には次のステップにしたがって、2 つのテキストボックスを作成してみましょう。

[step1] テキストボックスを挿入して、枠線の太さを 1.5 pt にします。

[step2] 図 3.37 の(a)のように、"社員"とタイプして中央揃えにしておきます。

[step3] テキストボックスをクリックすれば図 3.37 の(b)のように表示されます。(a)と(b)とでは表示が異なることを確認してください。

[step4] ホームタブを選択し「クリップボード−コピー」をクリックするか、またはショートカットによりテキストボックスをコピーします。

[step5] テキストボックス以外の領域をクリックして、テキストボックスから選択をはずします。これにより、図 3.37 の(c)のような状態になります。テキストボックスが(a)の状態であることを確認してください。

[step6] ホームタブを選択し「クリップボード−貼り付け」をクリックするか、またはショートカットでテキストボックスを貼り付けます。これにより、図 3.37 の(d)のようにテキストボックスが貼り付けられます。

[step7] テキストボックスを図 3.37 の(e)のように移動します。

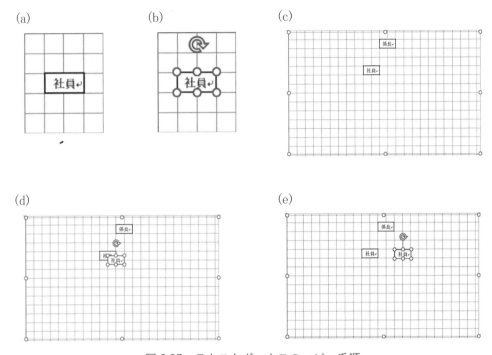

(a) (b) (c)

(d) (e)

図 3.37　テキストボックスのコピー手順

（4）図形の挿入

　本書での図形とは、Word などのアプリにあらかじめ用意されている図形を指しています。図 3.26 で示されているように、直線をはじめとして四角形や円等の多くの図形が用意されています。ここでは、テキストボックスを直線で結んで図 3.33 を完成させましょう。

　挿入タブを選択し「図－図形」をクリックします。そして、「線」の中から直線 ＼ を選択します。その後に、マウスのドラッグにより始点と終点を指定すれば、直線が描かれます。挿入した後でも、マウスを使って直線の長さや位置を変更することができます。直線の太さはテキストボックスと同様に、図形の書式設定を使って 1.5 pt にしておきましょう。また位置の変更は、マウスでなくキーボードのカーソルキーでもできます。この場合、Ctrl キーを押しながらカーソルキーを押せば、微調整をすることができます。

（5）描画キャンバスのサイズ調整

　最後に描画キャンバスを適切なサイズに調整しておきましょう。描画キャンバスの枠線上で右クリックし、**図 3.38** のように「描画に合わせる」を選択します。これにより、**図 3.39** のように描いた図の大きさに合わせて描画キャンバスのサイズを調整してくれます。もうグリッド線は不要ですので、非表示にしておきましょう。レイアウトタブの「配置－配置」をクリックし、メニューから「グリッド線の表示」を選択してチェックをはずします。描画キャンバス外をクリックすれば、図の作成が完了です。グリッド線の非表示を忘れていた場合は、表示タブを選択し「表示－グリッド線」のチェックをはずします。

　ここまでを work33.docx として保存しておきます。

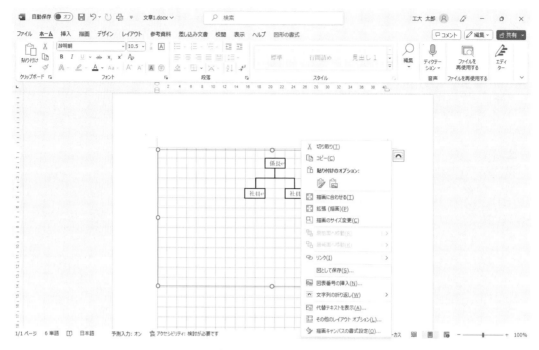

図 3.38　描画キャンバスのサイズ調整

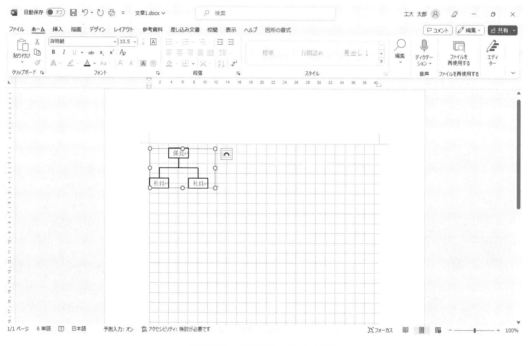

図 3.39　組織図の作成完了

3.4.5 キャプションの挿入

　キャプションとは、図表に添えられる説明文のことであり、論文やレポートではすべての図表に対して必ず挿入します。本書の図表にもすべてキャプションが添えられています。キ

ャプションの形式は、一般に「図番号　タイトル」や「表番号　タイトル」が多く、図番号と表番号は、それぞれ独立した番号が与えられます。特に重要なのは、キャプションの位置が図と表では異なることです。図のキャプションは図の下に記述され、表のキャプションは表の上に記載されることに注意しましょう。それでは、先ほど作成した組織図に、**図 3.40** のように「図1　当部署の組織図」というキャプションを挿入して work33.docx に上書き保存しておきましょう。

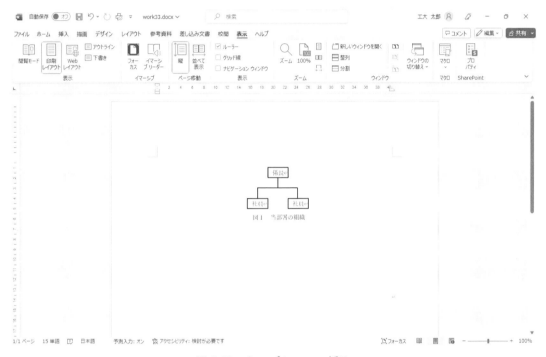

図 3.40　キャプションの挿入

3. 4. 6　グループ化

次に、**図 3.41** のような組織図を作成することを考えてみましょう。この図は、図 3.33 を拡張したものといえます。そこで、先程作成した図 3.33 をコピーして利用する方法が効率的です。このために図 3.33 を 1 つの図形として扱えれば、編集が容易になると考えられます。この方法として**グループ化**があります。

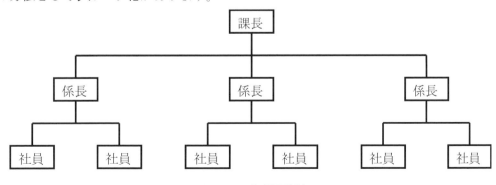

図 3.41　組織図(大)

　それでは実際に、図 3.33 をもとにして図 3.41 を作成してみます。作成した図の編集を行うには、その描画キャンバス内をクリックして、描画キャンバスを表示させます。そして、グリッド線を表示させてから、描画キャンバスのサイズを図 3.38 に示されているぐらいに広げておきます。ここでグループ化したい図形を選択します。このためにすべての図形を囲むようにマウスでドラッグします。これにより、すべての図形が選択されます。複数の図形を個々に選択するには、Ctrl キーを押しながら各図形を 1 つずつクリックして追加する方法もあります。

　複数の図形が選択された状態で、書式タブを選択し、配置グループの 　 ボタンから「グループ化」をクリックすれば、描画オブジェクトがグループ化されて 1 つの図形になります。このグループ化された図形をコピーアンドペーストして、適当な位置にマウスで移動しましょう。後は必要なテキストボックスや直線を挿入して、図 3.41 を完成させてください。完成すれば上書き保存しておきましょう。

3.4.7　図形の前後関係の位置

　今度は、さらに図 3.41 に図形を追加して、**図 3.42** のように装飾してみましょう。まず図 3.41 のグループ化された図形を再びクリックします。そして、挿入タブを選択し「図－図形－四角形」にある正方形/長方形 　 をクリックして、**図 3.43** のように挿入します。しかし、このままでは組織図が隠れてしまいます。新しい描画オブジェクトが上に重なるからです。オブジェクトが重なり合うときは、重ねる順序によって見えるオブジェクトが異なります。この順序を変更するには、「配置」の機能を使用します。ここでは**図 3.44** のように新しく挿入したオブジェクトを右クリックして、「最背面へ移動－最背面へ移動」を選択します。もしくは、書式タブを選択し「配置－背面へ移動－最背面へ移動」をクリックします。この結果、四角形が組織図の背面に移動します。またこの方法とは別に、書式設定により領域を「塗りつぶしなし」にして、背面のオブジェクトを見えるようにする方法もあります。

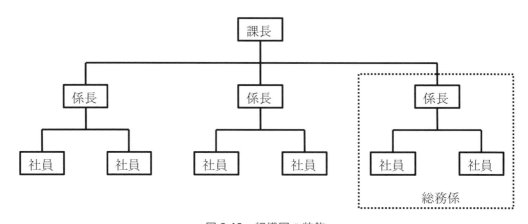

図 3.42　組織図の装飾

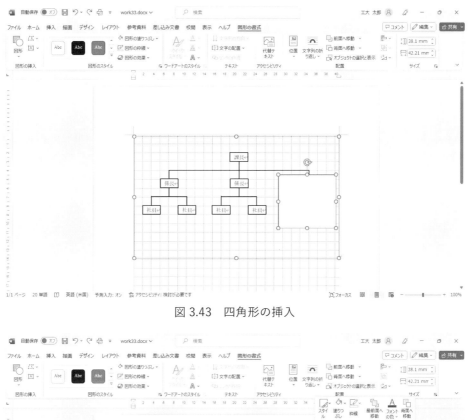

図 3.43　四角形の挿入

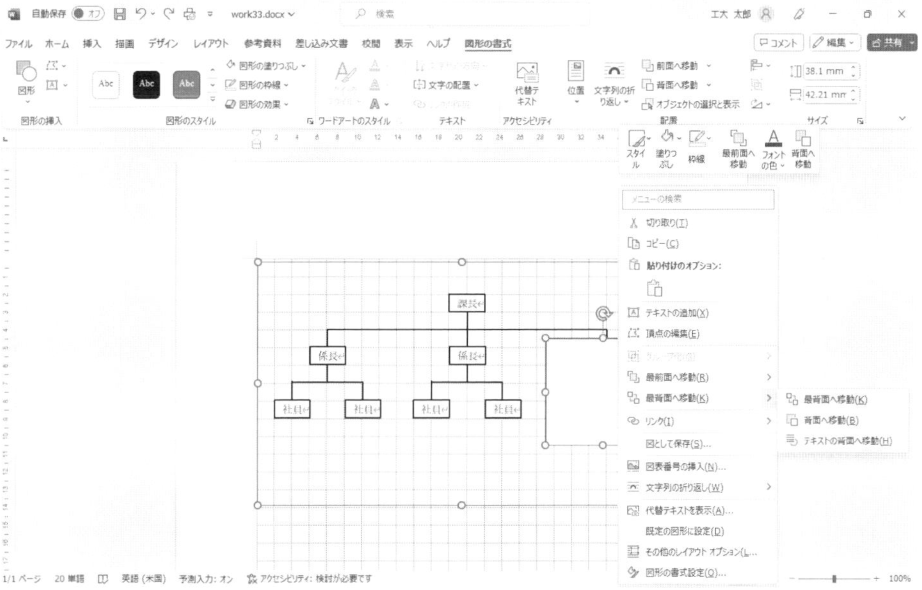

図 3.44　最背面へ移動

　以上が終われば、この四角形の枠線を 1.5 pt の太さで点線にします。後は総務係と書かれたテキストボックスを挿入して、塗りつぶしと線を「色なし」に設定します。描画キャンバスのサイズを調整し、グリッド線を非表示にします。これで図が完成しました。ここまでを上書き保存しておきましょう。

3.4.8　練習
　2ページにある図 1.1 を作成してみましょう。完成すれば work34.docx として保存しておきます。

3.4.9 SmartArt の利用

前項までは、Word の図作成機能を使って組織図を作成する手順について解説してきました。しかし、SmartArt を利用して図を作成する方法もあります。挿入タブを選択し「図－Smart Art」をクリックすれば、**図 3.45** のような「SmartArt グラフィックの選択」のダイアログが表示されます。このダイアログの左側の「階層構造」を選択することにより、組織図を容易に作成することができます。具体的な方法については、各自で調べておきましょう。

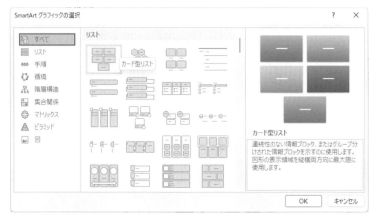

図 3.45　SmartArt グラフィックの選択のダイアログ

3.5　オブジェクトの文書への貼り付け

3.5.1　描画キャンバスのレイアウト

オブジェクトは用紙の任意の位置に、配置することができます。しかし、描画キャンバスは、文書の行内に固定されています。そこで、オブジェクトを自由に配置するために、レイアウトの設定を変更する必要があります。ここでは work34.docx の図を使って、その方法について解説します。

まず、work34.docx に作成した描画キャンバスを選択します。そして、図形の書式タブの「配置－文字列の折り返し」のメニューから「その他のレイアウトオプション」を選択します。これにより、**図 3.46** のような「レイアウト」のダイアログが開きます。ただし、描画キャンバスではなくその中の図形等を選択していたら、レイアウトのダイアログに「文字列の折り返し」タブが表示されませんので注意が必要です。

図 3.46　レイアウトのダイアログ

次に、図 3.46 のように文字列の折り返しのタブを選択します。そして、折り返しの種類と配置の項目において「行内」以外の選択肢を選べば、描画キャンバスが移動可能になります。これらの 6 種類のレイアウトは、文字の回り込み方に違いがあります。

　ここでは図 3.46 のように「四角」を選択して、「OK」ボタンをクリックします。そして描画キャンバスをドラッグすれば、オブジェクトを自由に移動することができるようになります。この他の方法として、図形の書式タブをクリックして「配置－文字列の折り返し」から選択する方法もあります。

3.5.2　オブジェクトの貼り付けとサイズの変更

　オブジェクトは、テキストボックス等と同様にコピー(カット)アンドペーストすることができます。またサイズを変更することも可能です。それでは実際に、**図 3.47** のようにwork34.docx の図を work24.docx に貼り付けてみましょう。このように図表の配置については、一般にページの最上段か最下段に面するように配置しなくてはなりません。大きな図表の場合は、２段にまたがって配置してもかまいません。

　まずオブジェクトをコピーして、work24.docx に貼り付けます。そして描画キャンバスの書式設定により、オブジェクトのサイズを変更します。後は図番をオブジェクトの下に記述すれば完了です。この文書を work35.docx として保存しておきましょう。

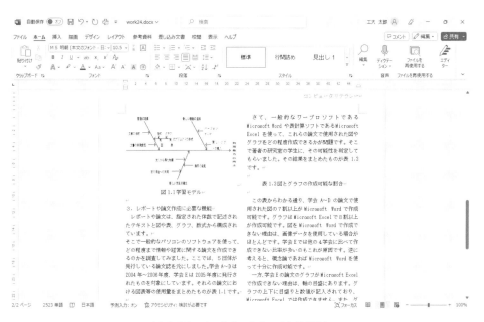

図 3.47　オブジェクトの貼り付け

3.6　マクロの使用方法

3.6.1　マクロの概念

　マクロとは、特定の作業を完了するために必要な一連の Word のコマンドや命令を、１つのコマンドにまとめたものです。例えば、数式エディタを起動することや、現在のページを印刷すること等の一連の操作が、マクロを呼び出すだけで処理されます。現在のページを印刷するのは、**図 3.48** に示されている処理をしていることになります。

①ファイルタブを選択し、「印刷」をクリックして、
　印刷の画面を表示させる。

②設定の項目の「すべてのページを印刷」をクリックし
　て、「現在のページを印刷」を選択する。

③プリンターの項目の「プリンターのプロパティ」をク
　リックして、プリンターのプロパティを表示させる。

④白黒印刷となるように、プリンターの設定を行って
　「OK」ボタンをクリックする。

⑤印刷の画面の「印刷」ボタンをクリックする。

図 3.48　現在のページを白黒で印刷する一連の手続き

　このような一連の手続きをまとめてマクロに記録しておけば、操作が容易になります。繰り返し利用するほど、その効果は高くなります。またクイックアクセスツールバーにそのマクロのアイコンを追加したり、ショートカットを作成してマクロを呼び出すこともできます。
　マクロは VBA(Visual Basic for Applications)というプログラミング言語で記述され、それを呼び出すことによって実行されます。VBA の知識があれば、このプログラムを編集してマクロの動作を変更することもできます。

3.6.2　マクロの記録
　ここでは図 3.48 の処理を例にして、その記録方法と実行方法について解説します。それでは実際に work35.docx を開いて、次の手順にしたがってマクロを作成してみましょう。
（1）マクロ名とその保存先の設定
　表示タブを選択し「マクロ－マクロ」の下部をクリックして、**図 3.49** のような「マクロの記録」のダイアログを開きます。今回はマクロ名として「現在のページを白黒で印刷」と入力します。マクロの保存先としては、「すべての文書(Normal.dotm)」と「'ファイル名'ファイル名(文書)」が選択できます。前者は Word 自体にマクロが保存され、すべての文書で記録したマクロが使用できるようになります。後者はその文書ファイル自体にマクロが保存され、

それ以外のファイルでは使用できません。ここではマクロの保存先を、図 3.49 のように「すべての文書(Normal.dotm)」としておきます。

図 3.49　マクロの記録のダイアログ

（2）マクロの記録方法

　マクロの記録の設定が終わり「OK」ボタンをクリックすれば、マクロの記録が始まります。マウスポインターが になっていることを確認しましょう。マクロの記録が開始していますので、図 3.48 の手続きを行ってください。手続きが完了すれば、もう一度、「マクロ－マクロ」の下部をクリックして、記録終了を選択すれば、マクロの記録が完了します。

３.６.３　マクロの実行

　それでは、作成したマクロを実行してみましょう。work35.docx の 2 ページ目をクリックします。そして表示タブを選択し「マクロ－マクロ」の上部をクリックして、「マクロ」のダイアログを開きます。ここで図 3.50 のようにマクロ名のリストから「現在のページを白黒で印刷」が選択されていますので、そのまま「実行」ボタンをクリックします。この結果として文書の 2 ページ目が白黒で印刷されます。マクロが実行されたことを確認しておきましょう。

図 3.50　マクロのダイアログ

　またクイックアクセスツールバーやショートカットに登録すれば、コマンドボタンをクリックするかショートカットキーを押すだけで、マクロを実行することができます。その方法は各自で調べておきましょう。

3.6.4　マクロの危険性

　このようにマクロは非常に便利で、文書ファイルに保存することができます。このため他人が作ったマクロを利用することも可能です。しかし、悪意のある人が作成したマクロを実行すると、ハードディスクの内容を消去してしまう等の被害を受けることがあります。このようなマクロをマクロウイルスと呼んでいます。

　そのため、不用意にマクロを実行することは危険といえます。見知らぬ人からもらったマクロや、出所のわからないマクロには十分注意しましょう。また、マクロの実行に対してはセキュリティレベルを設定することができます。ファイルタブを選択し、左下の項目「オプション」をクリックします。これにより、Word のオプション画面が表示されますので、左下の「セキュリティ センター」を選択して、画面右側の「セキュリティ センターの設定」をクリックします。ここで、「マクロの設定」にある 4 つのレベルから設定を選択できます。詳しくは各自で調べてみましょう。

3.7　課題3

　次の条件をよく読んで次ページにある**図 3.51** のような文書を作成し、work36.docx として保存します。

① ページの余白は、上下左右 30 mm にします。

② 日本語のフォントは、MS 明朝とします。

③ 見本に沿って文字を入力します。タイトルのフォントは 14 ポイントで、本文のフォントは 12 ポイントで入力します。

④ 1 ページの行数は 40 行とし、1 行の文字数は 39 文字とします。

⑤ 数式ツールを使用して、式を入力します。数式の右側には式番号を入れ、タブ揃えしておきます。

⑥ 図 1 と図 2 を作成します。図は中央揃えに配置します。また、図の下には図番号と図名を入れます。

⑦ ヘッダーに、自分の学生番号と氏名を入力します。

学生番号　A99-999
氏　名　工大太郎

システムの稼動率

　システム全体の稼動率は、その要素システムの構成方法によって異なります。構成方法としては、大きく分けて直列システムと並列システムがあります。
　そこで、それぞれの稼動率の計算方法を示します。

1．直列システムの稼動率

　直列システムは図1で表わされます。そのため、すべての要素システムが稼動できるときのみ、全体としてのシステムが稼動していることになります。すなわちシステム全体の稼動率は、式(1)のように要素システムの稼動率の積で計算されます。

$$A_s = \prod_{i=1}^{n} a_i = a_1 \cdot a_2 \cdot \cdots \cdot a_n \tag{1}$$

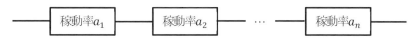

図1　直列システム

2．並列システムの稼動率

　並列システムは、図2のような構成になります。このシステムでは、いずれかの要素システムが稼動していれば問題ありません。そのため、システム全体の稼動率は式(2)のように、すべての要素システムが停止している確率から計算されます。

$$A_p = 1 - \prod_{i=1}^{n}(1 - b_i) = 1 - (1 - b_1) \cdot (1 - b_2) \cdot \cdots \cdot (1 - b_n) \tag{2}$$

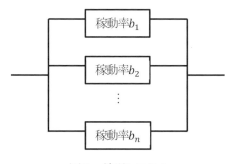

図2　並列システム

図3.51　課題3のイメージ

第4章　インターネットの利用方法

4.1　はじめに

　インターネットの利用法は、大きく分けて2通りあります。**電子メール**による情報の交換と **WWW**(World Wide Web)による情報の閲覧です。この2種類の利用が、最も多いという調査結果もあります[A-1]。4ページの図1.2に示した通り、電子メールは Word の文書を添付ファイルとして送受信できます。実際に発表の予稿原稿や論文の原稿のファイルを、電子メールで学会に送付することもよくあります。電子メールはスマートフォン等でも使うことができるので、すでに多くの人が利用していることでしょう。

　WWW はクライアント/サーバー型の情報検索システムであり、単に Web と呼ばれることもあります。このシステムでは、不特定のサイトから知識や情報を取得することができます。Web による情報の検索は容易なうえに、Web サイトには新しい情報が掲載されることも多くなっています。このために非常に有用なツールといえます。学会等の Web サイトに学術論文用の執筆要項が掲載されており、それを読んでフォーマットを整えることになります。また、すでにフォーマットの整えられた文書が、ファイルとして準備されていることもあります。

　ところでインターネットは非常に便利で有用ですが、その利用には注意しなくてはならない点がいくつかあります。そこで次の各項目に関する解説と演習を通じて、インターネットの概念とその利用方法について理解することを目的とします。

　① インターネットの概要
　② Web ページの作成と閲覧方法
　③ 電子メールの送受信方法
　④ 電子メールの設定方法
　⑤ インターネット利用のための注意点

4.2　インターネットの概要

　コンピューター同士を接続して、お互いに情報のやり取りができるようにしたものを**コンピューター・ネットワーク**と呼んでいます。インターネットは、世界規模のコンピューター・ネットワークです。このネットワークに接続すれば、電子メールの送受信や WWW 等のサービスが受けられます。コンピューターだけでなく、スマートフォンでもこのインターネットに接続できるようになっています。

　自分のノート PC をインターネットに接続するには、大きく分けて2種類の方法があります。1つは大学等の LAN に接続する方法です。もう1つは、インターネットサービスプロバ

イダと呼ばれている接続業者に接続する方法です。個人としての利用は後者になります。

　インターネットの特徴としては、**TCP/IP**(Transmission Control Protocol / Internet Protocol)
をプロトコルとして採用していることがあげられます。プロトコルとは通信規約のことで、
指定されたプロトコルでないと通信ができません。そのため、単にコンピューターにケーブ
ルを接続するだけでなく、このプロトコルの設定が必要です。

　Windows11 の場合は、タスクバー右側の 🛜 もしくは 🖥 を右クリックし、「ネットワー
ク設定とインターネット－ネット設定」を選択します。これにより「ネットワークとインタ
ーネット」の設定画面が表示されますので、最下段の項目「ネットワークの詳細設定」をク
リックします。そして、表示された画面の関連項目の欄の「ネットワークアダプターオプシ
ョンの詳細」をクリックすれば、ネットワーク接続のウィンドウが開きます。現在、無線
LAN を接続していればこのウィンドウのなかの「Wi-Fi」のアイコンを右クリックして「プ
ロパティ」を選択すれば、**図 4.1** のダイアログが表示されます。有線の LAN を使用している
場合は、該当の「イーサネット」のアイコンを右クリックして同様に選択します。ここで、
「インターネット プロトコル バージョン 4(TCP/IPv4)」を選択してプロパティボタンをク
リックすれば、**図 4.2** が開きます。

　図 4.2 のダイアログで IP アドレスやサブネットマスク、デフォルトゲートウェイ、DNS
サーバー等の設定をすることになります。実際にどのような設定が必要なのかは、ネットワ
ークの管理者やプロバイダに確認しましょう。しかし最近では **DHCP**(Dynamic Host
Configuration Protocol)**サービス**があり、自動的にこれらの情報を取得することができます。
図 4.2 のように「IP アドレスを自動的に取得する」を選択しておけば、IP アドレス等が自動
的に設定されます。

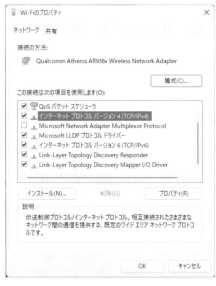

図 4.1　Wi-Fi のプロパティ

図 4.2　インターネットプロトコルバージョン 4
(TCP/IPv4)のプロパティ

4.3 WWW サービス

4.3.1 Web の仕組み

　WWW サービスは**図 4.3** に示されている通り、ユーザーが Web ブラウザを使用して情報を検索できる仕組みです。Web ブラウザは、**URL**(Uniform Resource Locator)によって指定された Web ページを表示させます。この時、Web サーバーから **HTTP**(HyperText Transfer Protocol)を使って、データが転送されてきます。この Web ページは **HTML**(HyperText Markup Language)で記述されています。よく耳にするホームページとは、Web サイトのトップページのことを指しています。また、他の WWW では Web ページを参照するためのリンクが張られることにより、目的の情報へとたどり着ける仕組みになっています。この意味で分散型の情報システムといえます。したがって、知りたい情報を提供している Web ページの URL がわかっていれば、Web ブラウザにその URL を入力してそのページを閲覧します。URL がわからない場合には、検索エンジンを使って Web ページを探索します。多くの Web ブラウザが提供されていますが、本書では Windows11 に付属している Microsoft Edge を使用します。

　ところで最近では、図 4.3 のように Web サイトを参照するのではなくプロキシサーバーを経由させることが多いようです。そのため Web ブラウザに、プロキシサーバーを指定しておく必要があります。またプロキシサーバーを経由させる理由としては、キャッシュ機能とセキュリティ機能があげられます。

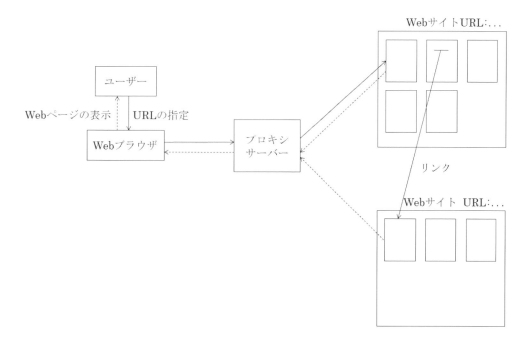

図 4.3　WWW サービスの仕組み

4．3．2 Web ブラウザの設定

　インターネットを利用するためには、ブラウザの設定をしておく必要があります。スタートメニューの右上にある「すべてのアプリ」ボタンをクリックし、メニューから「Windowsツール」を選択します。さらに、「コントロールパネル－ネットワークとインターネットーネットワークと共有センター」と進みます。そして、ネットワークと共有センターの左下の関連項目にある「インターネットオプション」をクリックします。これにより、「インターネットのプロパティ」のダイアログを表示させます。そして「接続」タブを選択し、「ローカルエリアネットワーク(LAN)の設定」の欄にある「LAN の設定」ボタンをクリックすれば**図 4.4** のダイアログが表示されます。

図 4.4　ローカルエリアネットワークの設定

　図 4.4 のダイアログが表示されればプロキシサーバーの欄で、プロキシの設定をすることができます。しかし最近ではこれらの情報に関しても、自動的に検出できるようになっていることが多いようです。この場合には図 4.4 のように自動構成の欄を適切に指定しておけば、必要な設定が自動的に検出されます。詳しい設定方法については、ネットワーク管理者やプロバイダに問い合わせましょう。ダイアログを表示させなくても、タスクバー右側の 📶 もしくは 🖥 を右クリックし、「ネットワーク設定とインターネット－ネット設定」を選択します。そして、「プロキシ」をクリックして、「自動プロキシ セットアップ」の「設定を自動的に検出する」が「オン」になっていれば問題ありません。

4．3．3 Web ページの閲覧

　ノート PC で Microsoft Edge を起動すれば、**図 4.5** のような画面が表示されます。それでは、アドレスバーに次の URL を入力してみましょう。

　　　　　https://www.portal.oit.ac.jp/

　図 4.6 のように学内のポータルサイトが表示されます。うまく表示されない場合は、「https」であることを確認してください。ポータルサイトは、WWW にアクセスするための玄関口を意味しています。このサイトにログインすれば、学生生活に必要な情報が提供されるようになっています。早速、ログインして内容を確認しておきましょう。このサイトは学外からでもアクセスできますので、必要に応じて活用しましょう。それでは他のサイトも訪問してみましょう。次の URL は、情報科学部のサイトです。

　　　　　https://www.oit.ac.jp/is/

　ここで上記の URL を入力する前に、新しいタブを表示させます。まず、図 4.6 内にある「大阪工業大学 学内ポータルサイト」と表示されているタブのすぐ右側にあるタブ ＋ をクリックします。その状態で、アドレスバーに上記の URL を入力します。うまく情報科学部のページが表示されれば、このページ内を探検してみましょう。また、「http」と「https」の違いについては、各自で調べておきましょう。

図 4.5　Microsoft Edge の画面

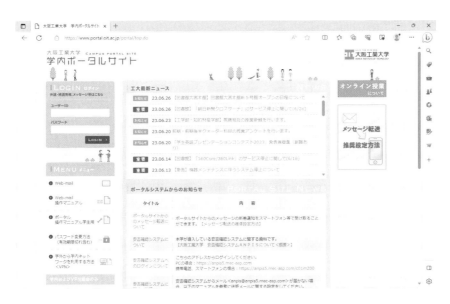

図 4.6　大阪工業大学の学内ポータルサイト

4.3.4 タブブラウザの特徴

　本書で使用している Microsoft Edge は、タブブラウザです。タブブラウザでは、複数の Web サイトを 1 つのウィンドウで表示させることができます。そして、サイトの表示を切り替える時はタブをクリックします。試しに「大阪工業大学 学内ポータルサイト」と「大阪工業大学 情報科学部」を切り替えて表示させてみましょう。

　また、タブをドラッグすれば、Web サイトの順序を入れ替えることができます。さらにある Web サイトの表示を別のウィンドウで開きたい場合は、**図 4.7** のようにタブをドラッグしてデスクトップに移動させればよいのです。

図 4.7　別のウィンドウでサイトを開く方法

4.3.5 Web の検索

　世界中には、数え切れないぐらいの WWW サーバーが存在し情報を提供しています。そのため必要な情報を提供してくれる Web サイトの URL を、効率よく手に入れる方法が必要です。そこで、サーチエンジンと呼ばれている検索サービスを利用します。サーチエンジンを提供している代表的な Web サイトを、**表 4.1** にまとめておきました。

表 4.1　サーチエンジンを提供している Web サイト

サイト名	URL
Google	https://www.google.co.jp/
goo	https://www.goo.ne.jp/
msn	https://www.msn.com/
Yahoo!	https://www.yahoo.co.jp/

　ここでは、実際に Google を使って、Web ページの検索を行ってみましょう。表 4.1 の URL を Microsoft Edge のアドレスバーに入力して、Google のホームページを表示させます。そし

て、このホームページにあるテキストボックスにキーワードを入力して、そのキーワードを含んでいる Web ページから適当なものを選択します。すなわち、Web 検索はキーワードを指定して、そのキーワードが含まれている Web ページを探してくれる仕組みです。複数のキーワードを指定することで、効率よく検索することができます。

　試しに "タッチタイプ" とタイプして、「Google 検索」のボタンをクリックしてみましょう。タッチタイプというキーワードを含んだ Web ページがいくつも紹介されます。この中から、自分の知りたい情報を含んでいるページを探します。しかし単純なキーワードでは、ヒットするページが多すぎて効率よく検索できません。そこで、複数のキーワードを使います。例えばハードディスクを購入したい時に、「ハードディスク」を検索すれば、販売店の情報だけでなくハードディスクの解説等を含んだページを提供してくれます。これではあまりに非効率です。そこで「ハードディスク 最安値」というように、複数のキーワードの間に半角スペースを含めて検索させることにより、対象を絞ることができます。うまいキーワードを複数指定できるかどうかが、ポイントといえます。

　さらに「site:」を使うことでサイトを絞って検索することもできます。すなわち、「キーワード site:ドメイン」の形式で探索すれば、そのドメインに含まれる Web ページからキーワードを探索してくれるエンジンがあります。表 4.1 に示したサイトは、いずれもこの形式が利用できます。例えば、情報科学部のサイトから教員を検索する場合には、「教員名 site:is.oit.ac.jp」と入力すればよいのです。実際に試してみましょう。必要なページが見つかれば、印刷することもできます。印刷の方法は、図 4.7 右上にある「設定」ボタン ••• をクリックして、メニューから「印刷－印刷」を選択します。

4.3.6 Web からのファイルの取得

　Web ページでは単にテキストや図・写真等の情報だけでなく、ファイルを提供しているものもあります。これにより、Word 等の文書ファイルやソフトウェア等を提供することができきます。ここでは、次の Web ページからファイルをダウンロードしてみましょう。

　　　　https://lss.oit.ac.jp/~shiihara/literacy/download/

この Web ページ内にある「HTML ファイル」のリンクを右クリックすれば、**図 4.8** のように表示されます。ここで「名前を付けてリンクを保存」を選択すれば、このファイルを自分のコンピューターに保存することができます。各自のフォルダーlec04 に「base.txt」として保存してみましょう。リンク先をクリックし「ファイルのダウンロード」のダイアログを使う時もあります。これは対象となるフ

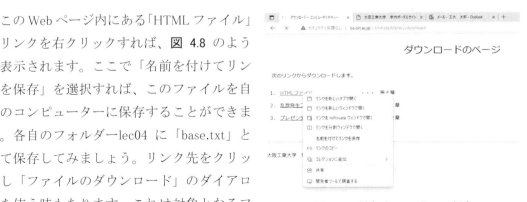

図 4.8　対象をファイルに保存

ァイルの拡張子の違いによるものです。後者の場合の方が一般的ですが、前者の方法を使えば Web ページで使用されている図や写真もダウンロードすることができます。

4.3.7 URL の登録

よく利用する Web ページの URL をブラウザに登録しておけば、非常に便利です。Microsoft Edge では、「お気に入り」に登録しておくことができます。例えば、検索に用いた Google を登録してみましょう。まず Google のホームページを表示させます。この状態で、アドレスバーの右側にある「このページをお気に入りに追加」ボタン ☆ をクリックします。これで、お気に入りに登録されました。名前のテキストフィールドに適切なページ名を入力し、完了のボタンをクリックしましょう。登録ができれば、「お気に入り」ボタン ⭐≣ をクリックして、お気に入りに追加されていることを確認しましょう。さらに登録された URL は、ハブ内で整理することができます。それでは、次に情報科学部のページをお気に入りに登録してみましょう。

4.4 Web ページの作成方法

4.4.1 HTML 文書の中身

閲覧とは逆に、Web ページを使って情報を提供するためには、HTML 文書の作成が必要となります。HTML 文書とは、HTML の文法で書かれたファイルのことです。先程ダウンロードした base.txt は HTML で記述されています。メモ帳を使って中身を確認してみましょう。**図 4.9** の左側のように記述されているはずです。HTML 文書は、テキストと<>で囲まれたタグから構成されています。すなわち HTML 文書は、テキストにタグを使って書式を与えていると理解してよいでしょう。それでは、個々のタグの役割について解説します。まず base.txt の拡張子を html に変更しましょう。そして、そのファイルをダブルクリックすれば、図 4.9 の右側のように Web ページが表示されます。

HTML 文書は、<html>で始まり</html>で終了します。この中に<head>～</head>と、<body>～</body>の 2 つの箇所があります。前者はヘッダー部分で、後者は本文です。ヘッダーには、Web ページのタイトルや特徴等が記述されます。図 4.9 で使われている<title>タグは文書のタイトルを記すためのタグです。ここに記述された内容は、Web ブラウザのタグに表示されるので慎重に考える必要があります。タグ以外にもお気に入りのリストにおけるデフォルトの名前としても使用されます。本文で使われているタグの役割は次の通りです。
① <h1>タグは見出し設定で、h1～h6 までの範囲でフォントの大きさを設定できます。
②
タグは、ブラウザに表示させた時の改行を示しています。
③ <hr>タグは、区切り線を表示します。
④ <address>タグは連絡先の設定で、ブラウザ上では通常イタリックで表示されます。

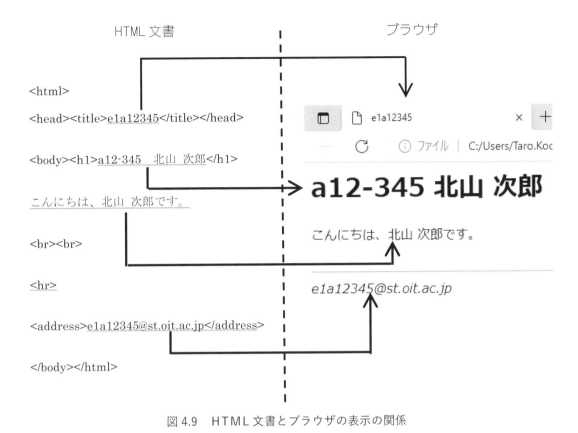

図 4.9　HTML 文書とブラウザの表示の関係

　ここで注意したいことは、HTML 文書で表示されているイメージと、ブラウザで表示されるものとでは異なるということです。特に文書上の改行は、ブラウザでは意味がありません。ブラウザ上で改行するには、
というタグが必要です。そのため**図 4.10** のどちらのように記述しても、ブラウザでは同じように表示されます。

　　　　こんにちは、北山　次郎です。

　　　　こんにちは、
　　　　北山　次郎です。

図 4.10　HTML 文書における改行

　また Microsoft Edge で閲覧中に F12 キーを押し、開いたウィンドウの「デバッガー」のタブを選択すれば、HTML 文書を見ることができます。今回紹介した以外に、多くの種類のタグがあります。そこでタグについて解説した図書を調べたり、他の Web ページを見て参考にしたりするのもよいでしょう。リンクやイメージを扱うタグや、表の取り扱い方法について理解すれば、表現力の高い Web ページが作成できます。

4.4.2 Web ページの公開方法

　それでは、Web ページを公開する方法について解説しておきます。作成した HTML 文書を公開するには、そのファイルを Web サーバーの所定のディレクトリ(フォルダー)に配置する必要があります。Web サーバーへのファイル転送には、FTP(File Transfer Protocol)クライアントソフトウェア等が使用されます。本書では FileZilla を使用しますので、ノート PC にインストールしてみましょう。

　それでは、スタートメニューの「FileZilla FTP Client－FileZilla」をクリックして起動します。もしくは、デスクトップの「FileZilla Client」アイコンをダブルクリックします。FileZilla が起動すれば、**図 4.11** のようにホスト、ユーザ名、パスワードを入力します。ホストのフィールドには、

　　　　sftp://o-vnc.center.oit.ac.jp

を入力します。

図 4.11　Web サーバーへの接続方法

　この「o-vnc.center.oit.ac.jp」は Web サーバー名です。サーバーの名称ではなくサーバーの IP アドレスを入力することもできます。また、「sftp」は、SSH File Transfer Protocol を指しています。前述の FTP では暗号化されずに通信が行われてしまうので、暗号化される SFTP を使用します。残りのユーザ名とパスワードを入力して、「クイック接続」のボタンをクリックすれば、サーバーへの接続は完了です。この際に、「パスワードを保存しますか?」のダイアログが表示されますので、今回は「パスワードを保存しない」を選択して「OK」ボタンをクリックします。さらに、「不明なホスト鍵」のダイアログも表示されますが、ホスト名「o-vnc.center.oit.ac.jp:22」を確認して「OK」ボタンをクリックしましょう。なお、メニューバーの「ファイル－サイトマネージャー」を使用すれば、サーバーへの接続方法を記録しておくことができます。

　接続が完了すれば、**図 4.12** のように表示されます。図の中央部左側が現在、操作しているコンピューター(ローカルもしくはクライアントと呼ぶ)であり、右側が Web サーバー(リモートもしくはホストと呼ぶ)のディレクトリを表示しています。この画面を使って、「z:¥kadai¥literacy¥lec04」に保存されている「base.html」を Web サーバーの「/home/students/e1a99999(ユーザー名)/public_html」に転送します。

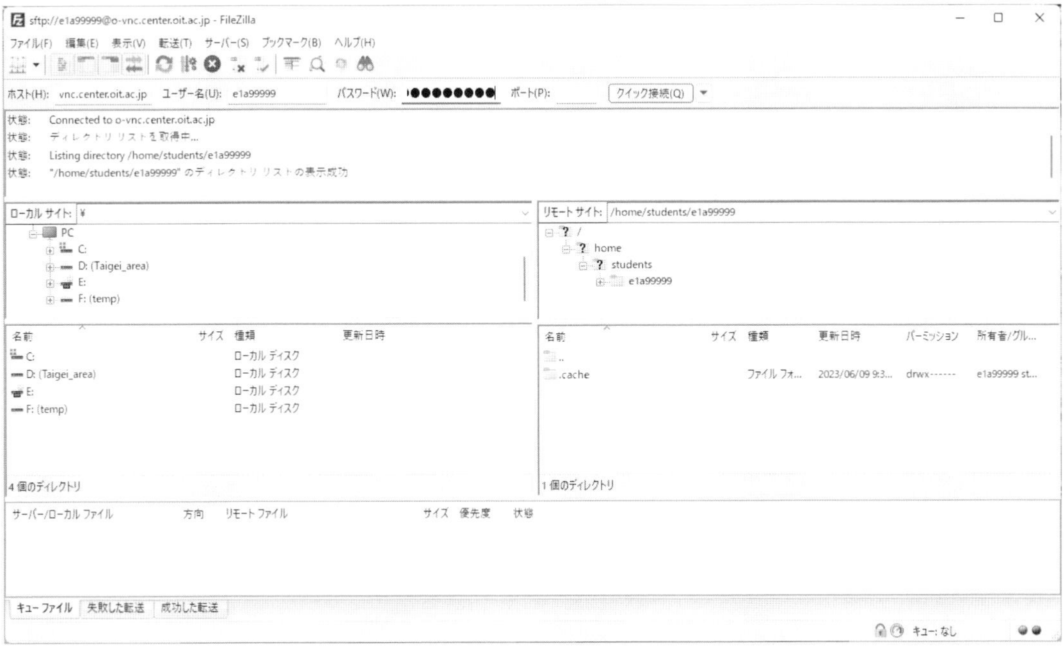

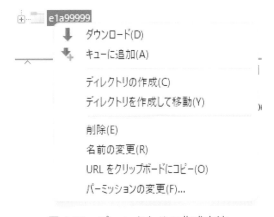

図 4.12　FileZilla の画面

　まず、「/home/students/e1a99999」にディレクトリ「public_html」を作成することから始めます。図 4.12 のようにリモートサイトのフィールドが「/home/students/e1a99999」と表示されていることを確認します。ここで、「e1a99999」にマウスカーソルを合わせて右クリックすれば、**図 4.13** のように表示されますので「ディレクトリの作成」を選択します。これにより、**図 4.14** の「ディレクトリを作成」のダイアログが表示されます。ここで、「作成するディレクトリ名を入力：」のフィールドの「新規ディレクトリ」の部分を**図 4.15** のように「public_html」に書き換えて「OK」ボタンをクリックします。後は、**図 4.16** のようにディレクトリを指定して、ローカルサイトにある「base.html」をリモートサイトの所定の場所にドラッグアンドドロップします。これにより、転送が開始されます。

図 4.13　ディレクトリの作成方法

図 4.14　ディレクトリを作成のダイアログ　　図 4.15　ディレクトリ名の書き換え

図 4.16　ディレクトリの指定

4．4．3　Web ページの確認

　演習室のシステムでは、Web サーバー内の public_html を Web ページ公開のためのディレクトリとしています。このディレクトリ内のファイルが、大阪工業大学内で公開されることになります。学外からは閲覧することはできない仕組みになっています。それでは、閲覧方法を解説します。

　ユーザーID が e1a99999 の人のページは、次の URL で閲覧することができます。ユーザー名の前に「˜」が付いていることに注意してください。この記号「˜」は「チルダ」と読みますので学んでおきましょう。

　　　　　　http://lss.oit.ac.jp/˜e1a99999/base.html

　すなわち、ディレクトリ public_html にあるファイル名を、ユーザーID の後に指定すればよいのです。さらに、base.html のファイル名を index.html に変更してみましょう。この場合は、次の URL で閲覧が可能になります。

https://lss.oit.ac.jp/~e1a99999/

　これは index.html が特別なファイル名であり、ファイル名が指定されていない場合には、自動的に「index.html」が指定されるように、サーバーに設定されているからです。プロバイダを利用して公開する場合には、今回と同じように FTP クライアントソフト等を使って指定されたディレクトリに HTML ファイルを転送します。

4.5　電子メールサービス

4.5.1　電子メールの仕組み

　電子メールは、インターネット上でメッセージやデータをやり取りする仕組みといえます。電子メールのことを e-mail や単にメールと呼んでいます。この仕組みは**図 4.17** に示される通りです。すなわちユーザーはメーラーと呼ばれているソフトウェアを使って、電子メールの送信用サーバーや受信用サーバーとやり取りをします。送信用サーバーのことを **SMTP**(Simple Mail Transfer Protocol)**サーバー**と呼び、受信用サーバーのことを **POP**(Post Office Protocol)**サーバー**とも呼んでいます。この２つのサーバーを１つにして、メールサーバーと呼んでいることが多いようです。なお、**POP** に代わってセキュリティの強度や機能の高い **IMAP**(Inter Message Access Protocol)が主流になってきています。

　図 4.17 では、実線の矢印で示されている通り、ユーザーA はメーラーを使って送信用サーバーにメールを送ります。そのメールは、送信用サーバーからユーザーB の受信用サーバーに送られます。そしてユーザーB は、メーラーを使って受信用サーバーに届いている電子メールを受け取る仕組みです。逆にユーザーB がメールを送信する場合は、点線の矢印で示されています。

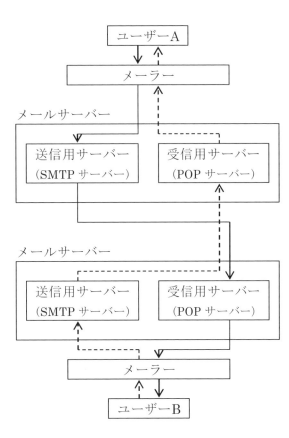

図 4.17　メールの仕組み

4.5.2　電子メールアドレス

　郵便に相手の住所と宛名が必要なように、電子メールでは相手の電子メールアドレスを指定することになります。このメールアドレスはアカウント名とドメイン名から構成されており、次のような形式になっています。

　　　　　アカウント名＠ドメイン名

　大阪工業大学における学生のメールアドレスでは、アカウント名はユーザー名であり、ドメイン名は st.oit.ac.jp となっています。したがってユーザー名が e1a99999 の人のメールアドレスは、次のようになります。

　　　　e1a99999@st.oit.ac.jp

　それでは、自分のメールアドレスを確認してみましょう。

4.5.3　電子メールの送受信

　Windows 用の標準的なメーラーとしては、Outlook が挙げられます。しかし大阪工業大学では、ユーザーの利便性とセキュリティの関係で Outlook on the web を提供しています。このメーラーを利用すれば、学外からでも容易に電子メールの送受信ができます。

（1）Web Mail の起動

　まず Microsoft Edge を起動し、再び学内ポータルサイトを表示します。このページの左側にある「Web-mail」をクリックします。これにより、**図 4.18** のようなログイン画面が表示されます。ここで組織アカウントとパスワードを入力すれば、**図 4.19** のようにメインウィンドウが表示されます。図 4.18 には、2 つの入力フィールドがあります。上段には組織アカウント、下段にはパスワードを入力します。組織アカウントは、ユーザー名に「@oit.ac.jp」を加えたものです。

図 4.18　Outlook on the web のログイン画面

図 4.19　Outlook on the web のメインウィンドウ

（2）電子メールの構成

　電子メールは、ヘッダーとボディで構成されています。ヘッダーには、電子メールの送受信に必要な情報が記述されています。これに対してボディは、電子メールの本文となります。ヘッダーの基本的な内容は、次の通りです。

① 宛先：電子メールの宛先であり、電子メールアドレスを記述します。複数のメールアドレスを指定する場合は、「;」で区切ります。

② CC：宛先で指定された人以外にも同じ電子メールを送りたい場合には、ここにメールアドレスを記述します。参考までに控えを送っておくという意味合いです。

③ BCC：基本的に CC と同じです。しかし、ここに書かれたメールアドレスは、受信者には明かされません。

④ 件名：この電子メールの標題を記述します。

　電子メールでは、宛先と件名を必ず記述します。CC と BCC については必要に応じて使用すればよいでしょう。

（3）電子メールの作成と送信

　電子メールを作成するには、図 4.19 の左上部にある ✉ 新規メール をクリックします。これにより**図 4.20** のようなウィンドウが表示されます。この図 4.20 の画面の各項目に、必要な内容を記述すればよいのです。ここでは**表 4.2** の内容のメールを作成してみましょう。完成すれば、図 4.20 の「宛先」ボタンの上にある「送信」ボタンをクリックします。これにより電子メールが送信されます。送信してしまったメールはキャンセルできませんので、送信ボタンを押す前によく確認しましょう。誤字脱字がないか、相手に誤解を与えないかをよくチェックすることが重要です。

図 4.20　新規メールの作成ウィンドウ

表 4.2　メールの内容 I

項目	内容
宛先	自分のメールアドレス
件名	初めてのメール
本文	自分にこんにちは!!

（4）電子メールの受信

　新しい電子メールが届けば、「受信トレイ」に振り分けられます。時間がたてば新着メールを受信して自動的に更新されます。そして**図 4.21** のように、受信した電子メールの一覧が表示されます。電子メールの中身を確認するには、一覧から見たいメールをクリックします。先程送ったメールの内容を確認してみましょう。

図 4.21　受信メール一覧

　ところで、既に不要になった電子メールは、削除することができます。不要メールをドラッグアンドドロップで削除済みアイテムに移すか、そのメールを選択して「Delete」ボタンを押します。削除されたメールは削除済みアイテムに一定期間保持されますが、削除済みアイテムに移動して、再度削除すれば直ちに廃棄されます。この他に返信や転送等の機能もありますので、各自で調べておきましょう。

(5) ファイルの送受信

　ファイルをメールに添付することで、様々な形式のデータをやり取りすることができます。Outlook on the web では、図 4.20 の上部のリボンにあるファイルの「添付」ボタン📎✔をクリックして「このコンピューターから選択」を選べば、**図 4.22** のダイアログが表示されます。ここで添付するファイルを指定します。そして、図下部にある「開く」ボタンを押せば添付ファイルの用意が整います。

図 4.22　添付ファイルの選択

　逆に添付ファイルが送られてきた場合は、メールに添付ファイルという項目が表示されます。そこで添付ファイルの横の矢印を右クリックし、「ダウンロード」を選択するとダウンロードが開始します。ただし、見知らぬ人から送られてきたファイルを不用意に開くことは、危険ですから注意してください。

(6) 電子メールの書き方

　電子メールの送受信ができるようになりました。しかし、自分勝手な論理でメールを書いてはいけません。そこで、基本的な電子メールの書き方を**図 4.23** に示しておきました。まず、メールの内容を示す適切な件名を付けます。そして相手の所属と名前を書いてから、自分を名乗ります。後は簡潔に用件を述べます。一般的な手紙に使用される季節の挨拶等は不要です。この際に短い文を書くことを心がけるとともに、適切に改行することが望ましいと考えられます。また半角カタカナや丸付き数字、省略記号等の特殊な文字は使用してはいけませ

ん。最後にシグネチャを挿入しておきます。

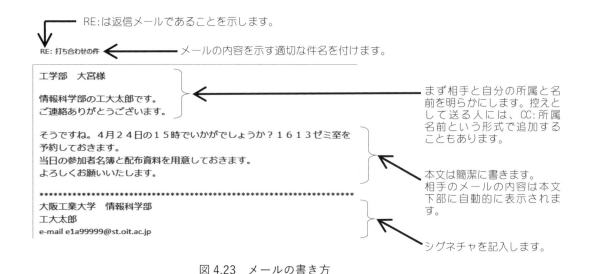

図 4.23　メールの書き方

4.5.4　電子メールの設定

　それでは、電子メールの使い勝手をよくするためのいくつかの機能について解説します。いずれの機能も非常に有用ですから、その設定方法についてよく理解しておきましょう。

(1) シグネチャの設定

　電子メールの本文の最後には、差出人の所属や氏名、メールアドレス等の情報を記述しておくという暗黙のルールがあります。これらの情報のことを**シグネチャ**(signature：署名)と呼んでいます。しかし、電子メールを送信するたびにシグネチャを書くことは非効率なので、自動的に挿入させる機能があります。

　図 4.19 の右上にある「設定」ボタン⚙をクリックすれば、**図 4.24** のような画面が表示されます。この画面の左側にある「メール」を選択して、中央部の「作成と返信」をクリックすれば、電子メールの署名を設定できます。ここでは、**図 4.25** を参考にして自分の署名を作成してみましょう。入力が完了したらタイプミスがないように、くれぐれも確認しておきましょう。特に電子メールアドレスには、注意が必要です。最初に Web-mail にログインする際に、組織アカウントを使用しました。このため、電子メールアドレスと組織アカウントが同一であると誤解する人がいるようです。学生番号 A99-999 の場合、電子メールアドレスは「e1a99999@st.oit.ac.jp」で、組織アカウントは「e1a99999@oit.ac.jp」となっています。すなわち「st」の有無がポイントです。

　設定が完了すれば「保存」をクリックし、図 4.25 の右上にある✕をクリックして元の画面に戻ります。また、オプション画面では様々な設定が可能ですので、各自で調べておきましょう。

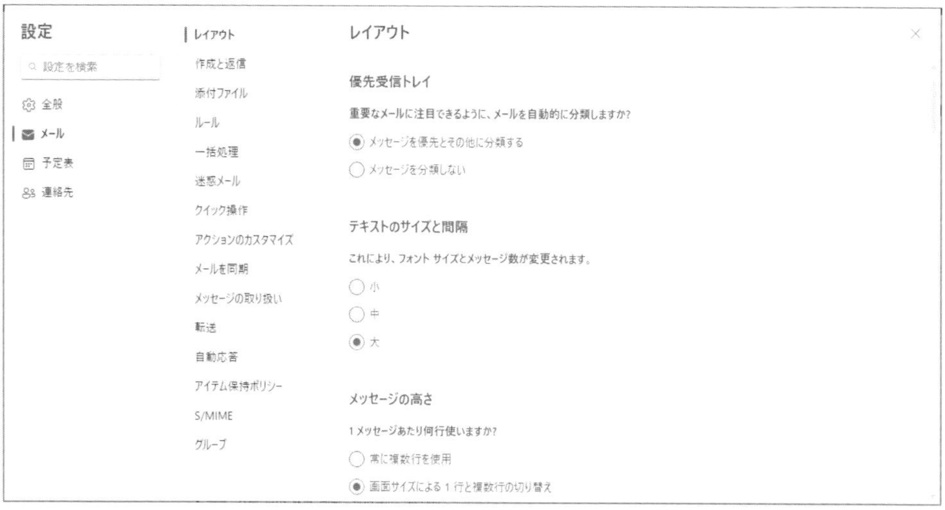

図 4.24　Outlook on the web の設定画面

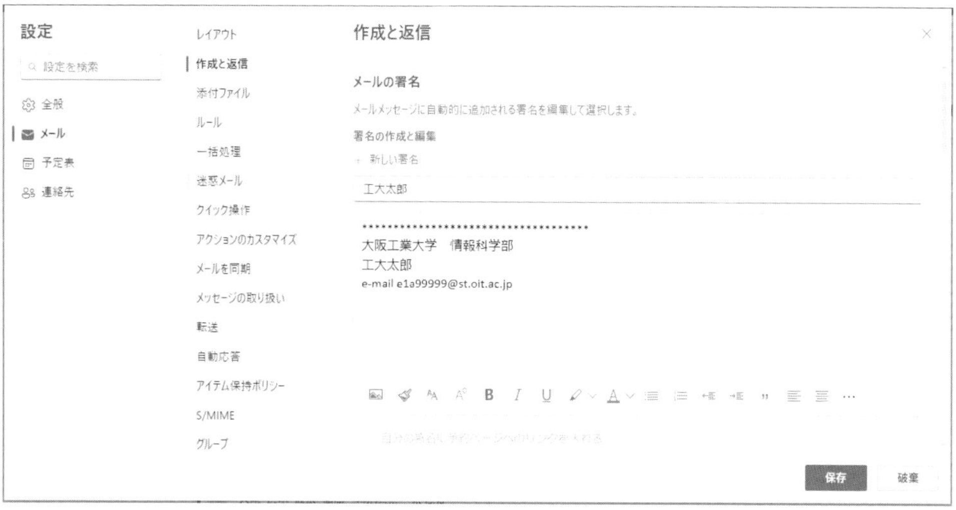

図 4.25　シグネチャの作成

　シグネチャの設定ができたことを確認するために、自分と友人 2 人に電子メールを送ってみましょう。メールの内容は**表 4.3** の通りです。まず、🖂 新規メール をクリックして**図4.26**のようにシグネチャが自動的に挿入されていることを確認してください。メールの本文は、このシグネチャよりも上に書きます。

表 4.3　メールの内容 Ⅱ

項目	内容
宛先	自分と両隣りの計 3 人
件名	初めてのメール
本文	簡潔な自己紹介(50字程度)

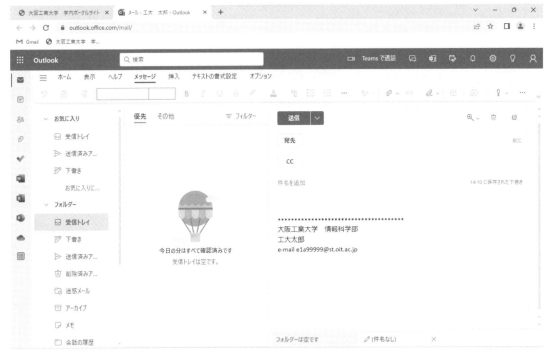

図 4.26　シグネチャの自動挿入

（2）学外からのメールの送受信

Outlook on the web を使えば、学外からでもメールの送受信が可能です。Web ブラウザを起動し URL に「http://o365.oit.ac.jp/」を入力すれば、図 4.18 のログイン画面が表示されます。または、前述のように、大阪工業大学の学内ポータルサイト「https://www.portal.oit.ac.jp/」の左側のメニューから「Web-mail」を選択する方法もあります。

（3）電子メールの転送

大学に届いた電子メールを、自動的に他の電子メールアドレスに転送したいことがあります。自宅のパソコンで使っている電子メールアドレスや、スマートフォンの電子メールアドレス等です。

例えば、Outlook on the web で大学に届いたメールを、user@example.ne.jp に転送したい場合、先ほどと同様に図 4.19 の右上の⚙から図 4.24 を表示させます。この画面の左側の「メール」を選択して、中央部の「転送」をクリックすれば、電子メールの転送に関する設定ができます。**図 4.27** のように、「転送を有効にする」にチェックを入れて、メールの転送先のフィールドにメールアドレスを入力します。また、その下の項目については必要に応じてチェックを入れましょう。最後に右上の「保存」をクリックすれば完了です。

それでは、実際に自分がよく使うメールアドレスに転送する設定をしてみましょう。例えば、スマートフォン用のメールアドレス等です。そして設定が終われば、友達からメールを送信してもらって下さい。これによって、確かにメールが転送されることを確認しておきます。

図 4.27　転送先のメールアドレスの保存

4．5．5　Outlook の設定

　Outlook on the web を使用するに際しては、利用者がメールサーバーに関する設定を行う必要がありませんでした。しかし、個人がプロバイダと契約して電子メールのサービスを受ける場合には、メーラーにいくつかの設定をしなくてはなりません。ここでは Outlook での設定方法について解説しておきます。メールの仕組みは図 4.17 に示されている通りですから、メーラーに送信用サーバーと受信用サーバーを指定すればいいのです。

　まず、スタートメニューから Outlook を選択し、**図 4.28** のような画面を表示させます。

図 4.28　アカウントの追加

この画面の中央にある「メールアドレス」のフィールドに、電子メールアドレスを入力します。さらに、すぐ下の「詳細オプション」をクリックすれば、「自分で自分のアカウントを手動で設定」が表示されますので、チェックを入れます。そして、「接続」ボタンをクリックすれば図 4.29 のような画面が表示されます。ここで、アカウントの種類もしくは、プロトコルを選択します。後者は、「POP」または「IMAP」のことです。プロトコルを選択した場合はサーバー等の設定画面が表示されます。プロトコルの種類やサーバーの IP アドレス等の入力すべき情報は、ネットワーク管理者やプロバイダに問い合わせをしておく必要があります。

図 4.29　アカウントの種類選択

この他に、電子メールを保存しておく個人用フォルダー等の設定が必要となります。まず、Outlook が起動していることを確認しましょう。そしてファイルタブを選択し「情報−アカウント設定−アカウント設定」をクリックします。そして「アカウント設定」のダイアログの「データファイル」のタブを選択します。これにより個人用のフォルダーに関する情報が表示されます。ここで個人用フォルダーの名称や保存場所等を適切に設定します。詳しくはOutlook の解説書を読むとよいでしょう。

4.6　大学のシステムを利用するために

4.6.1　パスワードの管理

　大学は、学修に必要な電子メールや無線 LAN、ポータルサイトなどの情報システムを提供しています。これらのシステムの利用には、ユーザーID とパスワードによるログインが必要

になります。A99-999 のユーザーID は、第 1 章で説明した通り e1a99999 と決まっています
が、パスワードは自由に変更することができますから、覚えやすくセキュリティの高いパス
ワードに変更しましょう。大阪工業大学では、パスワードの要件を次のように定めています。

① 10 文字以上 18 文字以下である。

② ユーザーID に含まれる 3 文字以上連続した文字が含まれていない。

③ 数字(0 ～ 9)、英字の小文字、英字の大文字、記号(`~!@など)の 4 つの文字種の中から
3 種以上が使用されている。

パスワードの変更は、専用の Web サイトを使用します。次の Web ページを表示させてみ
ましょう。

https://www.oit.ac.jp/japanese/center/idpw.html

この Web ページをよく読んだうえで、「パスワードの変更方法について」の項目にある「パ
スワード変更サイトはこちら」をクリックすれば、パスワード変更のサイトが表示されます。
ユーザーID とパスワードを入力してログインし、覚えやすくセキュリティの高いパスワード
に変更しておきましょう。

4.6.2 学外からのサーバーアクセス

学内のネットワークシステムは、ファイアウォールなどによって学外からの不正なアクセ
スを防御しています。このためファイルサーバーなどのネットワークシステムは、学内の
Wi-Fi などに接続しなくては利用できません。しかしこれでは、学内のネットワークシステ
ムを利用しなくてはならない課題を自宅などで作成することができません。この問題を解決
するのが、VPN(Virtual Private Network)接続です。VPN 接続を使えば学外にいても、学内に
いるかのようにネットワークシステムを利用することができます。

この VPN 接続を利用するには、アプリ「FortiClient VPN」をインストール必要があります。
次の Web ページの説明を読んでインストールしてみましょう。

https://www.oit.ac.jp/japanese/center/vpn.html

インストールが終われば、早速、VPN 接続をしてみましょう。まず、デスクトップ上にあ
る FortiClient VPN アイコンをダブルクリックします。最初に起動した時に、パラメータ等を
設定する必要があります。上記の Web ページの説明に従って入力します。入力が終わり保
存ボタンをクリックすれば、ログインが要求されます。ユーザー名とパスワードを入力し、
接続ボタンをクリックすれば、図 4.30 のように表示されます。画面右下に接続できたことが
表示されます。そして VPN の利用が終われば、図 4.31 のようにタスクトレイの FortiClient

VPN のアイコンを右クリックして「切断」をクリックします。図 4.30 の FortiClient のウィンドウの「切断」ボタンをクリックする方法もあります。切断が完了したら**図 4.32** のウィンドウが表示されますので、確認してください。

図 4.30　VPN の接続完了画面

図 4.31 VPN の切断方法

図 4.32　VPN の切断完了確認

4.7　インターネット利用の注意点

　インターネットを基調としたコンピューター・ネットワークを使えば、様々な形式の情報を交換したり、多岐にわたる情報を容易に入手したりできます。手軽で非常に有用なツールです。その一方で使い方を誤れば、他人に深刻な被害を与えたり、非常に多くの人に不愉快な思いをさせたりする可能性もあります。またネットワーク上には悪意が潜んでいることもあり、被害を受けないように注意しなくてはなりません。手軽な分だけ、危険も多いと考えるべきでしょう。

　しかし、コンピューター・ネットワーク上の問題であっても、私達が通常の生活を送ることと基本的な考え方は同じです。相手のことを考えて行動することができれば、難しいこと

ではありません。ここでは、次の3つの観点から注意事項を挙げておきます。

（1）自分が被害を受けないように

　自分が被害者にならないために、次の点に気をつけましょう。

① パスワードを他人に教えてはいけません。

② 生年月日や名前のように想像されやすいパスワードを設定してはいけません。

③ 個人情報を提供すると悪用される可能性があります。

④ Web から得た情報は正しいとは限らないので、検証が必要です。

⑤ 知らない人から受け取ったファイルを、不用意に実行したり開いたりすることは危険
　　です。

（2）他人を傷つけたりしないように

　他人を誹謗・中傷するような内容を電子メールで送信したり、Web ページ等に書き込んだりしてはいけません。また電子メールは、書き方によって相手に誤解を受けることもありますので注意が必要です。さらに、不幸の手紙に代表されるようなチェーンメールを送信してはいけません。不幸の手紙だからではなく、同じ内容を送信することを他の人に強要する行為がいけないのです。

（3）他人の権利を侵害しないように

　他人がパスワード等を入力している時には、目をそらしてあげましょう。また、著作権や肖像権を侵害してはいけません。他の人が作った文書や画像データ等を、無断で使用することは著作権の侵害です。Web ページにも著作権があると考えられます。他人の写真を、無断で Web ページ等に掲載することもいけません。音楽 CD のデータ等をファイルにして、不特定多数の人にアクセスさせることも禁止されています。

　この他にも多くのマナーがあります。ネットワーク上のエチケットのことをネチケットと呼んでいます。これは、ネットワークとエチケットを合わせた造語です。このネチケットについては、多くの本で解説されていますので、各自で読んでおきましょう。

4.8　課題4a

　インターネットを使って、タッチタイプについて次の観点から調べてみましょう。

① タッチタイプの概念　　　② ホームポジション　　　③ タッチタイプの必要性

④ タッチタイプの練習用ソフトウェア

　また、タッチタイプに関する解説の Web ページの中で、最もよかったと思えるものをブラウザのお気に入りに登録してみましょう。

4.9　課題4b

82 ページの 4.4.3 項で作成した index.html の中身を変更して、自己紹介のページを公開しましょう。まず、ヘッダーを自分のユーザー名に変更します。次に、本文に学生番号と名前を記述します。さらに 400 字程度の自己紹介を文章で作成し体裁を整えてみましょう。

4.10　課題4c

インターネットを使って、次に示されている html のタグについて調べてみましょう。
① フォント　　② リスト　　③ リンク　　④ イメージ　　⑤ テーブル

それぞれのタグの書式や使い方等を項目ごとに整理し、work41.docx として保存しておきます。

第5章　表計算ソフトの使い方とグラフの作成

5.1　はじめに

　第1章では、レポートや論文作成のためのソフトの利用モデルを示しました。この中で Excel は、実験データ等の集計とその分析に使用されます。そして、その結果を表やグラフにまとめるのです。さらに作成された表やグラフは、オブジェクトとして Word や PowerPoint で利用されることになります。

　ところで、今までにワープロソフトを利用したことがある人に比べて、表計算ソフトを利用したことがある人は少ないようです。これは表計算ソフトを利用するための目的があまりなかったからではないかと考えられます。しかし表計算ソフトを使い始めれば、非常に有用なツールであることが理解できるはずです。この結果、様々な局面で表計算ソフトの利用を考えるようになるでしょう。

　そこでまず本章において、次の内容について解説しますので、じっくりと取り組んでみましょう。

① Excel の基本的な操作方法
② 表計算ソフトの使い方
③ 関数の使い方
④ 基本的なグラフの作成方法
⑤ レポートや論文でのグラフの描き方

5.2　Excel の起動とその構造

　第2章で説明した Word と同じような方法で、今度は Excel を起動してみましょう。**図 5.1** は Excel を起動した画面です。図 5.1 のようにデスクトップ全体に画面が表示されない場合には、最大化ボタンをクリックします。

　ここで、Excel の構造について理解しておきましょう。図 5.1 に示されている通り、Excel は表の形式になっています。この表の1つのマスのことを**セル**と呼んでいます。また、表の左端には 1,2,3,… と表示されており、上部には A,B,C,… と記されています。すなわち、行に数字、列にアルファベットを割り当てることにより、個々のセルに名称が付けられているわけです。例えば、一番左上となる1行1列目のセルは、A1 となります。

　Excel ではこのセルが集って、1枚のシートを構成しており、シートを使って様々な集計や計算を行います。このような目的に使用するシートをワークシートと呼んでいます。図 5.1 では1枚のワークシートがあり、Sheet1 と名付けられています。ワークシートは、シート見出しのすぐ右の+をクリックすることで新たに追加されます。試しにワークシートを2枚追

加してみましょう。シート見出しをクリックするとシートを切り替えることができます。Excel には、このワークシート以外にグラフシートやマクロシートがあります。さらにシートの集まりをブックと呼んでいます。Excel では、このブック単位でファイルとして保存することができます。

　それでは、シートの名称を変更してみましょう。画面下の Sheet1 と表示されているところをダブルクリックすると、表示が白黒反転します。これで名称の変更が可能です。ここでは試しに**図 5.2** のように「練習」と入力してみましょう。

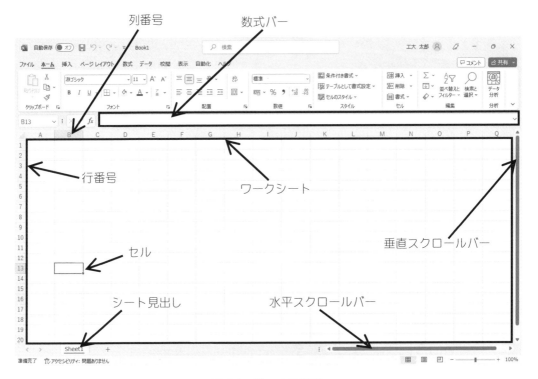

図 5.1　Excel の画面

図 5.2　シート名の変更

5.3　数値と式の入力

5.3.1　セルへの数値と式の入力

　それでは、早速 Excel を使って簡単な計算をしてみましょう。データ{1,2,3,4,5,6,7,8,9,10}

の各要素の2倍の値と合計および平均を計算することで、Excel の基本的な操作方法を理解しましょう。具体的には、次の手順にしたがって演習を進めてください。

（1）数値の入力

まず、マウスカーソルを任意のセルに合わせてクリックしてみましょう。そのセルが太枠で表示されたと思います。この太枠は、そのセルが選択されていることを示しています。図5.1 では、セル B13 が選択されています。この状態で数字、文字等をタイプすればセルにデータを入力できるのです。ここでは、セル A1 にマウスカーソルを合わせてクリックして、「1」を入力してみましょう。次にセル A2 を選択して「2」を入力します。

（2）オートフィル機能の利用

残りのデータもセル A3 から A10 に同様に入力すればよいのですが、もっと手軽な方法もあります。セル A1 と A2 をドラッグして、**図 5.3** のように2つのセルを選択してください。そして、セル A1 とセル A2 を囲っている太枠の右下部のフィルハンドルにマウスカーソルをあてると、**図 5.4** のようにマウスポインターが黒い十字型のポインターに変化します。その状態でセル A10 までドラッグすれば、**図 5.5** のように残りのデータが自動的に入力されます。このような機能を**オートフィル**と呼んでいます。選択されたセルの値である1と2を元に、次のデータを推測し自動的に入力してくれたわけです。等差数列となっているデータや、指数的に変化するデータの入力に有効です。また数字だけでなく、月日や曜日等にも使用できる便利な機能です。

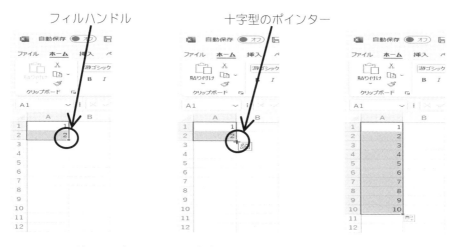

図 5.3　フィルハンドルの選択　　図 5.4　十字型のポインター　　図 5.5　オートフィルの結果

（3）式の入力

次に、B の列を使って A の列の2倍の値を計算させましょう。このためには、B の列に式を入力します。**図 5.6** のようにセル B1 に「=A1*2」と入力します。「*」は「×」(乗算)を意味しています。すべてをキーボードから入力してもいいですが、"="をタイプしてセル A1 をクリックして"*2"とタイプする方法もあります。また、すぐ上の数式バーに「=A1*2」

と表示されることも確認しましょう。数式バーにはそのセルの中身が表示されますので、ここに直接タイプしてもかまいません。

　この手続きにより、A1 と B1 とのセルを「B1=A1*2」と関係付けたことになります。結果として、**図 5.7** の通りセル B1 には 2 と表示されます。式は必ず「=」から書き始めることを覚えておきましょう。

図 5.6　式の入力

図 5.7　入力結果

（4）フィルハンドルを使って自動入力

　あとは同様に、セル B2 から B10 までを個々に入力してもいいのですが、前述のようにフィルハンドルをドラッグして一気に完成させましょう。

5.3.2　理解を深めるための確認

　それでは、セル A10 とセル B5 を確認してください。どちらも 10 と表示しています。では、セル A10 とセル B5 は同値でしょうか。答えは「ノー」です。セル A10 は「10」という定数が入力されているのに対して、セル B5 は「=A5*2」という式が入力されているのです。セルでは同じように表示されていますが、**図 5.8** と**図 5.9** に示されている通り、数式バーの表示は異なっています。したがって、セル A5 に「8」を再入力すれば、セル B5 は 16 と表示を変えます。確認したらアンドゥボタン ↺ をクリックして元に戻しておきます。

　すなわち、Excel はセルとセルとを式で関連付けて使用すると理解してください。そして、定数のセルの値を変更すれば全体が自動的に再計算されます。また、セル A1 から B10 までを選択してフィルハンドル以外の太枠をドラッグして数値を移動させてみましょう。セルの表示に変化はないですね。セルの式を確認すると、うまく式が変更されて新しい関係に変わっています。確認したら再びアンドゥを使って元に戻しておきます。

図 5.8　セル A10 の中身　　　　図 5.9　セル B5 の中身

5.4　関数の利用

5.4.1　合計を計算する関数

　今までの演習によって、簡単な四則演算は可能になりました。しかし、複雑な計算を行うためには関数を利用した方が効果的です。例えばセル A1 から A10 までの和を求めるには、「SUM()」を使用します。セル A11 を選択して、ホームタブの編集グループにあるオート SUM のボタン ∑ をクリックすれば、**図 5.10** のように表示されます。

　図 5.10 のセル A11 または数式バーには「=SUM(A1:A10)」と表示されています。関数は**図 5.11** に示される形式となります。すなわち関数の利用には、関数名と引数が必要です。引数の個数は関数によって決まっています。そして、引数はセル名もしくは値で与えられます。セル名の場合には、セルの範囲で指定することもできます。関数は与えられた引数を元にして、決められた処理をします。その結果を返却値として、関数を入力したセルに戻します。図 5.10 の場合には、関数名が「SUM()」で、引数は「A1:A10」です。そして、引数で与えられた範囲であるセル A1 から A10 までの値を合計し、返却値としてセル A11 に戻します。

図 5.10　オート SUM の使用

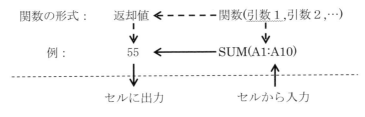

図 5.11　関数の構造

　ここでは、オート SUM を使用しましたが、同じことを直接入力してもかまいません。また、連続したセルを指定するには、「A1:A10」のように「:」を使用しますが、マウスを使って範囲を選択することも可能です。それでは、各自でセル B1 から B10 までの合計を計算する関数をセル B11 に入力しましょう。

5．4．2　平均を計算する関数

　平均を計算する関数は、「AVERAGE()」です。セル A12 に「=AVERAGE(A1:A10)」と入力してみましょう。セル A12 に 5.5 と表示されるはずです。それでは、セル B1 から B10 までの平均値をセル B12 に計算させてみましょう。フィルハンドルを使うこともできますし、コピーアンドペーストも可能です。両方とも試してみてください。ここまでを work51.xlsx として保存しておきましょう。

5．4．3　数式タブからの関数の挿入

　関数は数式タブを使用して入力することもできます。この数式タブを選択し「関数ライブラリー関数の挿入」をクリックすると、**図 5.12** のような「関数の挿入」のダイアログが表示されますので、この中から関数を選択します。関数の検索の欄に使用したい関数のキーワードを入力して検索すると、**図 5.13** のように関数名の欄にキーワードに対応した関数名が表示されます。

図 5.12　関数の挿入のダイアログ

図 5.13　関数の検索を利用した結果

関数の意味や引数の与え方等がわからない場合には、図 5.12 や図 5.13 の下部の「この関数のヘルプ」をクリックします。これにより、Excel ヘルプが表示されます。ヘルプには、関数の説明や書式、解説、使用例等が記載されています。

5.5　グラフの作成

5.5.1　グラフ作成の手順

Excel の便利な機能の 1 つが、グラフ作成です。データ分析の第一歩は、グラフ化といえます。Excel では指定されたセルの値を容易にグラフ化できるので、種々の分析の手助けとなります。次の手順にしたがって、グラフを作成してみましょう。

(1) グラフの種類と形式の選択

図 5.14 のようにグラフ化したいセル「A1:B10」を選択し、挿入タブをクリックします。そして、グラフグループの中からグラフの種類を選択します。これにより、自動的にグラフの作成を行うことができます。ここでは、**図 5.15** の通り「折れ線－2-D 折れ線－折れ線」を選択します。そうすれば、**図 5.16** のようにグラフがオブジェクトとして、ワークシート上に貼り付けられます。

また、グラフの書式を保存したグラフテンプレートを使用して、グラフを作成することもできます。このグラフテンプレートの使い方については、次章で説明します。

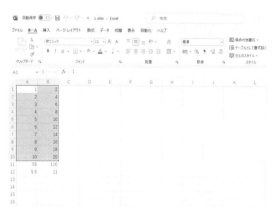

図 5.14　範囲の選択

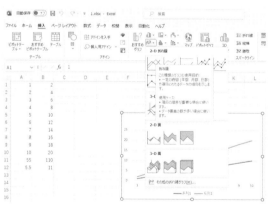

図 5.15　グラフの選択

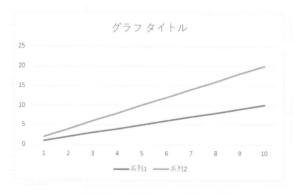

図 5.16　グラフオブジェクト

（2）グラフの配置場所

　前述のようにグラフの種類を選択すれば、自動的にグラフがオブジェクトとして、ワークシート上に貼り付けられます。しかしこれでは、グラフの表示が小さく、レポートや論文を作成するうえで編集に困ることがあります。別のシートにグラフを作成する方が効率的です。グラフオブジェクトをクリックすれば、グラフのデザインタブが選択されます。このタブの「場所－グラフの移動」をクリックして「グラフの移動」のダイアログを表示させます。そして、**図 5.17** の通りグラフの配置先の欄で「新しいシート」を選択して、「OK」ボタンを押します。これにより、**図 5.18** のようにグラフシートが新規に作成されます。ここまでの成果を、work51.xlsx に上書き保存しておきましょう。

図 5.17　グラフの作成場所

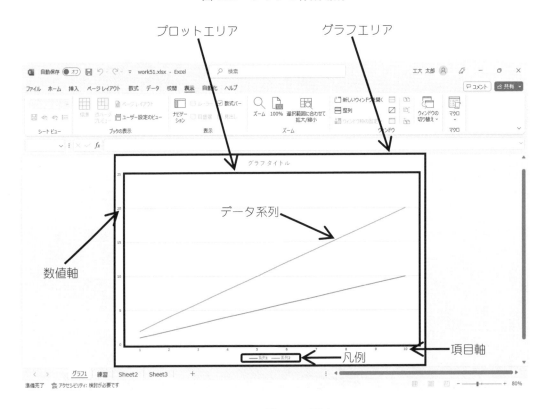

図 5.18　グラフの要素

(3) グラフの要素

　ここで、図5.18を確認しながらグラフの要素について理解しておきましょう。グラフが表示されているこのシート全体のことを、**グラフエリア**と呼びます。そして、実際にグラフが描かれている目盛の内側のことを、**プロットエリア**と呼んでいます。また、多くのデータにより複数のグラフ線(ここでは折れ線グラフ)が描かれますが、この一つ一つをデータ系列と呼びます。図5.18では、下側の折れ線が系列1で、上側の折れ線が系列2となります。そして、この系列の内容が表示されているラベルを凡例と呼びます。また、Excel の折れ線グラフにおいて、第1横軸は項目軸、第1縦軸は数値軸とも呼ばれています。

　それでは、グラフ要素の追加や削除および設定の方法について理解しておきましょう。まず、グラフエリア内をクリックして、グラフ要素ボタン⊞を表示させます。さらに、このボタンをクリックすれば、**図 5.19** のようにグラフ要素に関するメニューが表示されます。メニューに表示されている要素の中で、チェックが付いているものが画面に表示されます。論文やレポートでは、グラフタイトルは不要ですので、チェックをはずします。逆に、軸には名称が必要ですから、軸ラベルにはチェックを入れてください。これにより、横軸と縦軸のラベルが追加されたことを確認してください。そして、図 5.19 の通り、名称を記入してラベルを完成させましょう。また、グラフ要素メニューの各要素にマウスカーソルを合わせたときに表示される≫をクリックすれば、詳細な設定が可能です。さらに「その他のオプション...」を選択すれば、作業ウィンドウが開き、書式を設定することができます。図5.19左上の「グラフのレイアウト−グラフ要素を追加」を使っても同じように設定ができます。各自で試しておいてください。

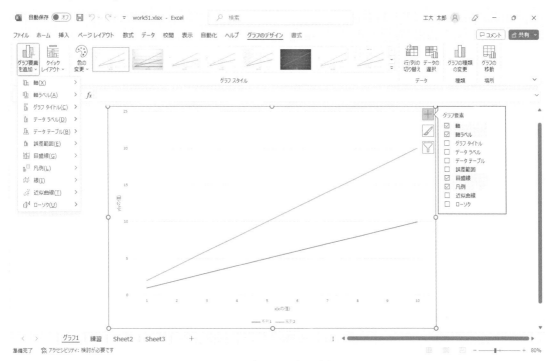

図 5.19　グラフ要素の追加と削除

(4) グラフのデータソース

　グラフで使用されているセルの範囲を変更することができます。これにはまず、対象となるグラフシートを選択します。そして、グラフのデザインタブを選択し「データーデータの選択」をクリックすれば、**図 5.20** のような「データソースの選択」のダイアログが表示されます。このダイアログの「グラフデータの範囲」のボックスを使えば、グラフデータの系列を変更したり追加したりすることが可能です。逆にいえば、最初にグラフ化するセルの範囲を適切に選択できていなくても、ここでセルの範囲を正確に指定すればよいのです。

　また、凡例項目の名称を編集したり、軸になるセルを選択したりすることもできます。前者には図 5.20 の凡例項目(系列)の欄を使い、後者には横(項目)軸ラベルの欄を使います。

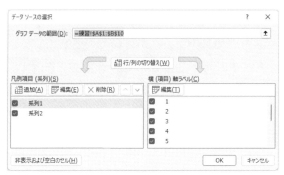

図 5.20　グラフのデータソース

5.5.2　作成したグラフの問題点

　以上で基本的なグラフの作成は完了しました。しかし、このグラフには、次の3種類の問題点があります。

(1) グラフの軸

　図 5.19 の横軸には、問題があります。目盛り数値と目盛り線の位置が一致していません。これは棒グラフで使用される形式であり、折れ線グラフとしては適切ではありません。

(2) 凡例の位置

　現状のグラフでは、凡例がグラフの外に配置されています。一般に凡例は、プロットエリア内に記入します。

(3) 印刷への対応

　図 5.21 は、あるコンピューター・シミュレーションの結果をグラフにしたものです。ディスプレイ上では、非常に鮮やかな印象があります。その反面、色の印象が強いために、グラフの中身を伝えるにはあまりよくありません。さらに、演習室で使用しているレーザープリンターは白黒です。学会の論文誌も白黒印刷のものが多くあります。この図5.21 はカラーのグラフを白黒で印刷したイメージです。少し見にくいことがわかります。そこで**図 5.22** のように、白黒で印刷されることを前提として体裁を整える必要があります。

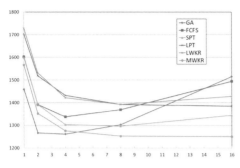

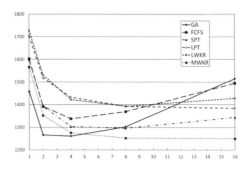

図 5.21　カラーを白黒で印刷したグラフ　　図 5.22　白黒での印刷を前提に作成したグラフ

5.5.3　グラフの体裁を整える

　前項で解説した通り、図 5.19 の状態からグラフの体裁を整えておく必要があります。次の手順にしたがって、体裁を整えていきましょう。

（1）軸とプロットエリアの枠線の設定

　横軸の目盛線を折れ線グラフの体裁に変更することから始めましょう。まず、グラフツールの書式タブを選択してください。そして、「現在の選択範囲」のグループで**図 5.23** のように「横(項目)軸」をクリックします。次に、**図 5.24** のように「選択対象の書式設定」をクリックします。ここで軸のオプションタブを選択し、**図 5.25** の「軸のオプション－軸位置」で「目盛」を選択します。また、「目盛－目盛の種類」で「内向き」に設定します。縦軸も同様に設定してください。そして、軸の色を「黒」に変更します。この他に、どのような設定ができるのかは、各自で確認しておきましょう。

図 5.23　横軸の選択

図 5.24　選択対象の書式設定

　また、このままの状態ではプロットエリアの枠線が描画されず、Word に貼り付けた時に締まりのない印象のグラフになってしまいます。そこで、プロットエリアを設定します。「現在の選択範囲」グループのプロットエリアを選択してみましょう。そして、先程と同様に「選択対象の書式設定」をクリックし「プロットエリアの書式設定」の作業ウィンドウを表示させ、**図 5.26** のように枠線の色を「線（単色）」かつ色は黒にしておきましょう。さらに、グラフエリアの枠線も消さなければなりません。そこで、グラフエリアをクリックし、枠線の色タブで「線なし」を選択しておきましょう。

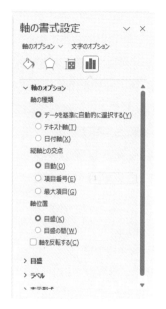

図 5.25　軸の書式設定

図 5.26　プロットエリアの書式設定

（2）凡例の移動と設定

　凡例は、プロットエリアの内にある方がよいと考えられます。そこで、凡例をドラックしてプロットエリア内の邪魔にならないところに移動させましょう。その際に、凡例の大きさを適度な大きさにしておきましょう。「現在の選択範囲」のグループで「凡例」を選択し、**図 5.27** のように凡例全体を選択します。この状態でマウスを使って、凡例の大きさを変えることができます。また、凡例をプロットエリア内に移動させた結果、余白になっています。そこで、プロットエリアをクリックして、プロットエリアの輪郭をドラッグすることで、余白をなくして範囲を広くしておきましょう。

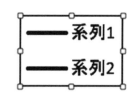

図 5.27　凡例全体の選択

　次に、凡例にも枠線を付ける必要があります。先程のグラフの枠線を付けた時と同様に「選択対象の書式設定」をクリックし「凡例の書式設定」の作業ウィンドウを表示させ、**図 5.28** のように枠線の色を「単色」かつ色は黒にしておきましょう。さらに、塗りつぶしを選択して凡例を白で塗りつぶしておきます。

（3）グラフの線種設定

　次にグラフの線も黒色にしなくてはなりません。データが何種類もあるときは、グラフの線種を変化させて見やすくします。まず、変更したいグラフの線を**図 5.29** のように書式タブを選択し、

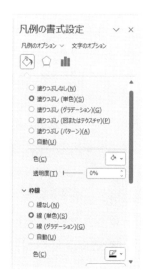

図 5.28　凡例の設定

「現在の選択範囲」のグループにあるプルダウンメニューから選択します。そして、「選択対象の書式設定」を選択することにより、**図 5.30** に示されている「データ系列の書式設定」の作業ウィンドウが表示されます。まずは図のとおり、線の色は「線（単色)」にチェックを入れます。さらに、色は黒を選択します。その後、図 5.30 の右側の「実線/点線」の項目のメニューを使って、適当な線のスタイルを設定します。また必要に応じて、マーカーのスタイル変更等も行うことができます。マーカーのオプションを選択して「組み込み」にチェックを入れることで、マーカーの種類が選択できるようになります。

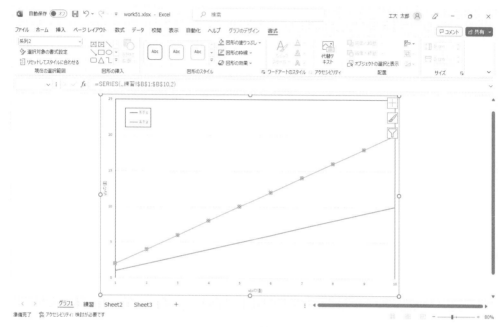

図 5.29　線の選択

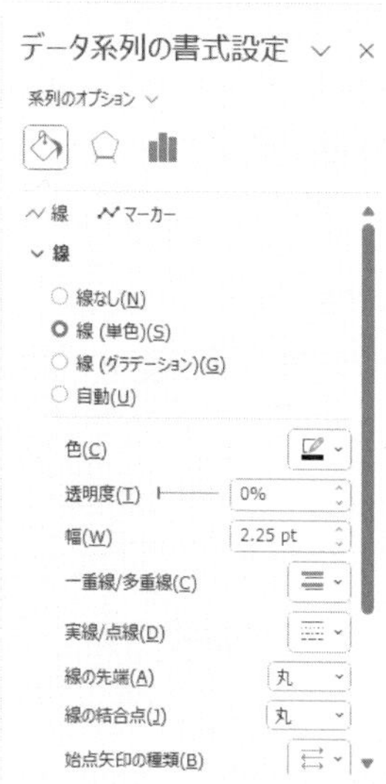

図 5.30　データ系列の書式設定の作業ウィンドウ

（4）目盛線の追加

　グラフによっては、横軸の目盛線を引くことになります。グラフ要素ボタン⊞をクリックし、「目盛線—第1主縦軸」にチェックを入れます。これにより、横軸に目盛線が挿入されます。

（5）文字の大きさ等

　グラフで使われている凡例や軸ラベル、目盛の文字の大きさを調整する必要があります。凡例については凡例全体を選択した後、ホームタブのフォントグループを使って設定します。軸ラベルや目盛のフォントについても同様に設定してみましょう。また、文字の色は黒色に変更します。

　以上の手続きを終えると、図 5.19 のグラフが**図 5.31** のようなグラフに変わります。ここまでを work52.xlsx として保存しておきましょう。

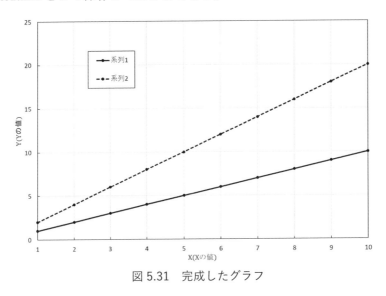

図 5.31　完成したグラフ

5.6　論文におけるグラフの描き方

　前節は一般的なグラフの作成方法でした。それでは、レポートや論文で使用することを前提にしたグラフを作成してみましょう。ここでは、自由落下運動の時間 $t\,(s)$ における物体の落下距離 $y\,(m)$ をグラフ化します。t と y との関係は、式(5.1)で表されます。ただし、g は重力加速度であり $9.8\,(m/s^2)$ を使用し、t の範囲は $0 \leqq t \leqq 10$ とします。

$$y = \frac{1}{2}gt^2 \tag{5.1}$$

　前節では折れ線グラフを使用しましたが、科学技術系のグラフとしては散布図の方が便利なことが多いようです。これは横軸の値の間隔が一定でないことが多いからです。ここでは散布図を使ってグラフを作成します。それでは、各自でグラフを先程解説した体裁に整えて

作成してみましょう。**図 5.32** のようなグラフが完成するはずです。ここまでを work53.xlsx として保存しましょう。

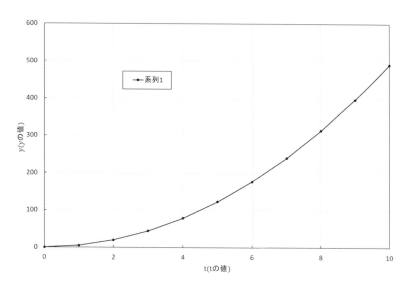

図 5.32　体裁の整っていないグラフ

　しかし、図 5.32 では論文用のグラフとしては不十分な点があります。論文用のグラフとして最低限の条件を満たしたものが**図 5.33** です。この図のポイントは次の通りです。

（1）軸のラベル

　軸のラベルには、軸名や変数名、単位等を記入します。また、単位がある場合はスペースを空けて必ず表記します。軸のラベルを変更するには、対象となるラベルを一度クリックして、もう一度、ラベル内の文字列をクリックすることで変更が可能になります。

（2）データ系列のマーカー

　関係式をグラフ化した場合は、データ系列のマーカーは不要となります。マーカーを削除するには、図 5.30 のマーカーのオプションタブで設定します。

（3）凡例

　通常、凡例はプロットエリア内に入れます。しかし、この場合はデータが 1 種類なので、凡例は不要となります。凡例を削除するには、グラフ要素ボタン⊞をクリックし、「凡例」のチェックをはずします。これにより、凡例を削除することができます。

（4）原点

　横軸と縦軸が原点で交わる場合、「0」の表示は 1 つにします。その方法としては描画オブジェクトを利用して両方の「0」を覆い隠してしまいます。描画オブジェクトを適当な大きさ（「0」の文字が隠れる程度)で作成して、数字の上に移動させれば「0」は隠れて見えなくなります。そしてテキストボックスを利用し、適当な位置に「0」を表示させます。

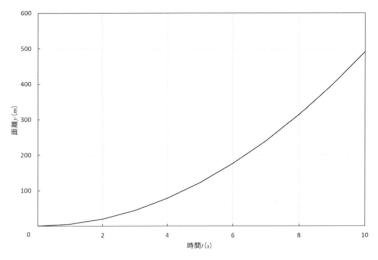

図 5.33　最低限の体裁を整えたグラフ

（5）グラフタイトル

　Excel のグラフ機能では、グラフ要素ボタン⊞をクリックし、「グラフタイトル」にチェックを入れると、グラフタイトルを表示することができます。しかし、論文やレポートで使用するグラフには、グラフタイトルは記述しないのが一般的です。これは、グラフの下に図番とタイトルを記述するからです。

　以上のような手続きを施した後、目盛線を消してできた図5.33 は、論文用のグラフとして最低限の条件は満たしています。しかし、非常に印象が薄いグラフになっています。そこで、**図 5.34** のように修正するといいでしょう。この図 5.34 での着目点は、次の通りです。

（6）目盛線

　グラフを見やすくするために目盛線を点線にします。図 5.34 のように目盛線を点線にするには、目盛線をクリックした後で書式タブを選択し、「現在の選択範囲－選択対象の書式設定」より目盛線の作業ウィンドウを開いて変更します。やや濃い灰色の点線に設定してみましょう。さらに作業ウィンドウ内の「目盛線のオプション」より「縦(値)軸 目盛線」を選択し、縦軸の目盛線も変更します。

（7）条件の記入

　グラフで使用しているデータの観測や分析を、どのような条件で実施したのかを明確にするために、条件や関係式をプロットエリア内に記入しておきます。まず、挿入タブを選択し「テキスト－テキストボックス」から横書きテキストボックスを挿入します。そして数式の入力は、再び、挿入タブを選択して「記号と特殊文字－数式」をクリックして、テキストボックス内に作成します。作成方法は第3章で説明した通りですが、ここでは手書きによる数式入力を試してみましょう。数式ボタンのメニューから「インク数式」を選択します。これにより、**図 5.35** のような「数式入力コントロール」のダイアログが表示されます。この図の

ように、マウスをドラッグして数式を入力します。上部にプレビューが表示されますので、入力した数式が正しいかを確認しておきましょう。完成すれば「挿入」ボタンをクリックします。その後、フォントサイズとテキストボックスを適当な大きさに変更します。さらにテキストボックスは、白で塗りつぶしておきましょう。もちろん、Word で作成した数式をコピーアンドペーストすることもできます。

以上の作業を行って完成した図 5.34 を work53.xlsx に上書き保存しておきましょう。

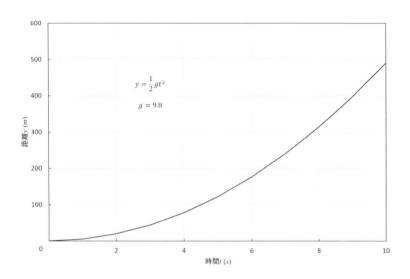

図 5.34　十分な体裁を整えたグラフ

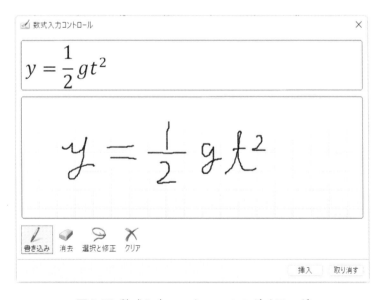

図 5.35 数式入力コントロールのダイアログ

5.7 課題5a

　年利率5％の定期預金に 50,000 円を 15 年間預けるものとします。利息の計算は、1 年ごとの複利とします。このときに、毎年の元利合計を計算してみましょう。用語の意味がわからないときは、インターネットを使って調べなさい。

　計算結果は、work54.xlsx として保存します。

5.8 課題5b

　式(5.2)のグラフを作成しなさい。ただし、x の範囲は $0° \leqq x \leqq 180°$ とします。x を $10°$ 刻みで y の値を計算すればよいでしょう。Excel には sin 等の三角関数が用意されていますが、角度はラジアンで与えなくてはなりません。ラジアンを計算するには関数 RADIANS() を使用します。この関数の引数は度数法で表された角度です。

$$y = \sin^2 x \tag{5.2}$$

　完成すれば印刷して、work55.xlsx として保存します。

第6章　表の作成とオブジェクトの貼り付け

6.1　はじめに

　前章では、Excel の基本的な操作方法とグラフの描き方について演習を行いました。しかし、Excel を使って効率よくデータを分析するためには、まだまだ多くの機能を理解することが必要です。ここでは、そのうちの1つであるセルの参照方式について解説します。他の機能については、第1章の図1.2に示したように必要に応じて学習すればいいでしょう。

　さらに、本書で提案している利用モデルにおいては、グラフだけでなく表を作成することも Excel の重要な役割です。そして、作成したグラフや表をオブジェクトとして Word で利用します。これらの内容について、今回は実習を行います。

　具体的な内容は、次の通りです。

① 基本的な表の作成方法
② 図表等を Word で利用する方法
③ セルの参照方式
④ ワークシートの複写とその利用
⑤ グラフの体裁の登録

6.2　表の作成方法

6.2.1　表の体裁

　論文で使用するグラフに標準的な体裁があるように、表についてもある程度の決まった体裁があります。Excel を使って初めて表を作成すれば、**表 6.1** のような体裁になってしまいがちです。これに対して、論文等で使用される表は、**表 6.2** のような体裁が一般的です。表 6.1 と表 6.2 とを比べると、確かに表 6.2 の方がシンプルで見やすいですね。

表 6.1　初心者が作成しがちな表の体裁

名前	各教科の得点			合計
	国語	数学	英語	
A	45	67	61	173
B	89	72	95	256
C	72	52	80	204
D	56	92	42	190
E	77	75	60	212
平均	68	72	68	207

表 6.2　論文で使用される表の体裁

名前	各教科の得点			合計
	国語	数学	英語	
A	45	67	61	173
B	89	72	95	256
C	72	52	80	204
D	56	92	42	190
E	77	75	60	212
平均	68	72	68	207

違いは一目瞭然ですが、念のために列挙しておきます。

① 表の左右には罫線を描かない。

② 表の最も上の罫線は他に比べて太い。

③ すべてのセルを罫線で囲むわけではない。

本章では、この表 6.2 のような表を作成する手順について解説します。

6. 2. 2 データの入力

図 6.1 のデータは、あるクラスにおける 5 人の生徒の国語、数学、英語のテストの成績です。このデータを元にして、表 6.2 のような体裁の表を作成してみましょう。まず図 6.1 のようにデータをワークシートに入力します。ただし、各教科の平均や各個人の合計点であるセル B7 から D7 までと、セル E2 から E7 までについては関数を使って計算させます。関数の使い方を忘れた人は、101 ページから始まる 5.4.1 項と 5.4.2 項を読み返しましょう。入力が終われば、work61.xlsx として保存しておきます。

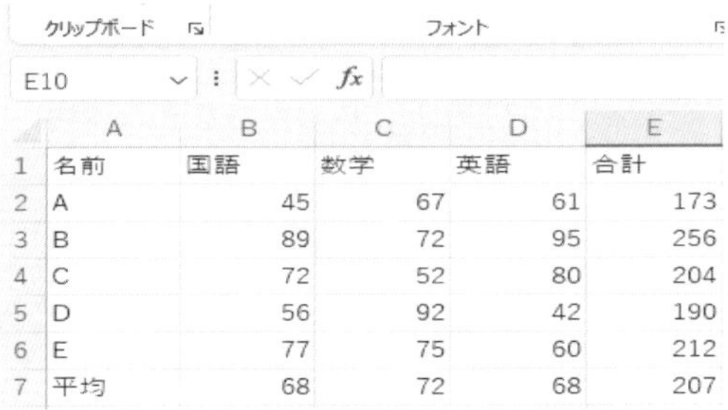

	A	B	C	D	E
1	名前	国語	数学	英語	合計
2	A	45	67	61	173
3	B	89	72	95	256
4	C	72	52	80	204
5	D	56	92	42	190
6	E	77	75	60	212
7	平均	68	72	68	207

図 6.1　各生徒の各教科の点数のデータ

6. 2. 3 表の体裁を整える

それでは次の手順にしたがって、図 6.1 の状態から表 6.2 のような体裁の表を作成してみましょう。

（1）行の挿入

表 6.2 での上段中央部は、「国語、数学、英語」だけの表示ではなく、「各教科の得点」も記述されて 2 段になっています。そこで、1 行目の上に行（1 行分のセル）を挿入します。Excelの画面左端にある 1 行目を示す 1 をクリックして、1 行目すべてを選択します。この結果、**図 6.2** のような表示になります。この状態でホームタブを選択し「セル－挿入－シートの行を挿入」をクリックすることで、1 行分のセルが挿入されます。また行を選択して、右クリックし、メニューから「挿入」を選択する方法もあります。

行の挿入が終われば、**図 6.3** のようにセル B1 に「各教科の得点」と入力します。

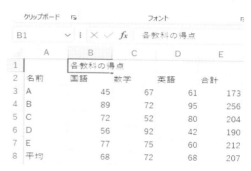

図 6.2　行の選択　　　　　図 6.3　セル B1 の入力

（2）セルの結合

セル B1 から D1 までを使って「各教科の得点」を表示させたいので、セルを結合します。セル B1 から D1 までを選択してホームタブの配置グループにあるセルの結合ボタン 吾 をクリックします。これで、複数のセルが結合されて 1 つのセルになり、セルの値は中央揃えで表示されます。もう一度このボタンをクリックすれば、結合は解除されます。

また、名前と合計の欄は、2 行分を使用しています。そこで同様にして、セル A1 とセル A2、およびセル E1 とセル E2 についても、それぞれ結合させてみましょう。

（3）フォントの指定

表全体のフォントを 14 ポイントに変更するために、表示のあるすべてのセルをドラッグして選択します。この際に、**図 6.4** のように「すべて選択」ボタンをクリックすれば、ワークシート全体が選択されます。

ここで、ホームタブのフォントグループを使って、サイズを変更することができます。また必要に応じて、フォントの変更をすることも可能です。

（4）行の高さと列の幅の設定

行の高さを変更するには、行を選択してホームを選択し「セル－書式－行の高さ」をクリックして高さを指定します。ここでは、「25」を入力してください。列の幅は、「セル－書式－列の幅」を使って変更します。ここでは、「12」を入力します。

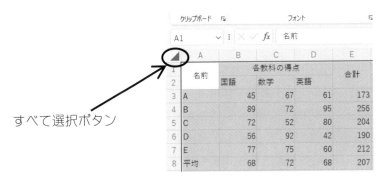

図 6.4　すべて選択ボタン

(5) 表示の設定

表 6.2 では平均値が整数で表示されています。表示形式の変更については、ホームタブにある数値グループのダイアログボックス起動ツールをクリックして、**図 6.5** の「セルの書式設定」のダイアログを使用します。ここでは、セル B3 から E8 を選択してから、図 6.5 のように、小数点以下の桁数の欄を「0」に設定してください。小数の表示を変更したわけですが、あくまで表示だけの問題です。すなわち、セルの値自身はあくまで実数であり、整数になったわけではありません。この点については、十分に注意が必要となります。

(6) 配置の設定

セル内の表示位置は、「配置」タブの文字の配置欄で設定します。Excel では左詰め右詰めという横位置だけでなく、セル内の縦位置についても指定することができます。ここでは、セル A1 から E8 までを選択して、**図 6.6** の通り横位置も縦位置も「中央揃え」に変更しましょう。文字がセルの中央に移動したことが確認できると思います。

それからセルの結合についても、このタブで設定できます。結合したいセルを選択して図 6.6 の「セルを結合する」の項目にチェックを付けることで設定することができます。

図 6.5　書式設定のダイアログ(表示形式)

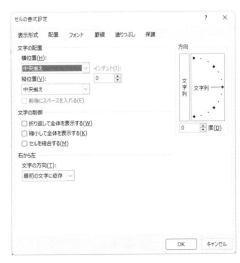

図 6.6　書式設定のダイアログ(配置)

(7) 罫線の設定

　それではいよいよ最終段階です。セルの罫線を表示させて表の体裁を整えましょう。罫線の設定方法は、ホームタブを選択しフォントグループを利用する簡単な方法と、セルの書式設定によって設定する方法とがあります。前者では対象となるセルを選択してから ⊞▾を使用します。この方法は簡単ですが、詳細な設定はできません。後者は、セルの書式設定にある罫線のタブをクリックして、図 6.7 のダイアログで設定します。この方法だと細かく設定できるので、今回はこちらを使用します。次のステップにしたがって、各罫線の設定を行いましょう。

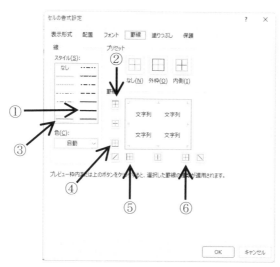

図 6.7　書式設定のダイアログ(罫線)

[Step1] 図 6.8 の(a)の設定

　まず、セル A1 から E8 までを選択します。そして「セルの書式設定」のダイアログを用いて、図 6.8 の(a)のようにセルの上に太線を設定し、下には細線を設定します。具体的には図 6.7 に示されている通り、まず線の項目のスタイルの欄から①をクリックして太線を選択します。

(a)　　　　　　　　　　　　　(b)　　　　　　　　　　　　　(c)

図 6.8　罫線の挿入

次に②をクリックすれば、選択されたセルの最も上にあるセルの上部に太線を設定することができます。同様にして、③をクリックして細線を選択し、④をクリックすれば下に細線を設定することができます。これにより**図 6.9** の(a)のように罫線が設定されます。

[Step2] 図 6.8 の(b)の設定

セル B1 から D8 までを選択して、図 6.8 の(b)のようにセルの左右に線を設定します。これらも先程と同様に、図 6.7 の③を選択して⑤と⑥をそれぞれクリックすれば、図 6.9 の(b)のように罫線が設定できます。

[Step3] 図 6.8 の(c)の設定

セル A3 から E7 までを選択して、図 6.8 の(c)のようにセルの上下に線を設定します。この方法はもうおわかりですよね。

以上のステップにより図 6.9 の(c)に示されている表が完成します。ここまでを work61.xlsx に上書き保存しておきましょう。今回は使用しませんでしたが、Alt キーを押しながら Enter キーを押せば、セル内で改行されます。すなわち、1 つのセルに複数行を入力することができます。また、図 6.6 に示されている書式設定のダイアログの配置タブの「文字の配置」や「文字の制御」は、表の体裁を整えるのに役に立ちます。各自でそれぞれの内容を確認しておきましょう。

(a)

名前	各教科の得点			合計
	国語	数学	英語	
A	45	67	61	173
B	89	72	95	256
C	72	52	80	204
D	56	92	42	190
E	77	75	60	212
平均	68	72	68	207

(b)

名前	各教科の得点			合計
	国語	数学	英語	
A	45	67	61	173
B	89	72	95	256
C	72	52	80	204
D	56	92	42	190
E	77	75	60	212
平均	68	72	68	207

(c)

名前	各教科の得点			合計
	国語	数学	英語	
A	45	67	61	173
B	89	72	95	256
C	72	52	80	204
D	56	92	42	190
E	77	75	60	212
平均	68	72	68	207

図 6.9　罫線を入れた結果

6.3 Word への表の貼り付け

Excel で作成した表やグラフは、Word で作った文書に貼り付けて使用することができます。先程、work61.xlsx に作成した表を Word の文書に貼り付けてみましょう。まず、Word を起動しておき、"表1 各学生の成績"と表のキャプションをタイプしておきます。そして、Excel に移って表示タブをクリックし、表示グループの目盛線のチェックをはずします。その後で、セル A1 から E8 までを選択し、ホームタブのクリップボードグループにある をクリックします。ショートカットである Ctrl+C を使ってもかまいません。さらに、Word に切り替えてホームタブを選択し「クリップボード－貼り付け－形式を選択して貼り付け」をクリックすれば、図 6.10 の「形式を選択して貼り付け」のダイアログが表示されます。

ここでは図の通り、「図(拡張メタファイル)」を選択します。これ

図 6.10 図(拡張メタファイル)の選択

で、図 6.11 のように、表をオブジェクトとして Word に貼り付けることができます。レポートや論文において表は、表のキャプションの下に貼り付けます。

図 6.11 Word への表の貼り付け

　また貼り付けた図を選択し、右クリックして「レイアウトの詳細設定」を選択すれば、**図 6.12** の「レイアウト」のダイアログが開き、サイズに関する設定が行えます。これを使って拡大、縮小等の体裁を整えることができます。しかし、レポートや論文で表の大きさ等を整えるときには、Excel 上でフォントサイズ、列幅、行幅を設定することで対応する方がよいでしょう。この方法で無理なときは、レイアウトのダイアログにある倍率の項目に適切な値を設定します。

　さらに、同様に右クリックして「図の書式設定」を選択すれば、**図 6.13** の「図の書式設定」の作業ウィンドウが開き、図の書式を変更することもできます。

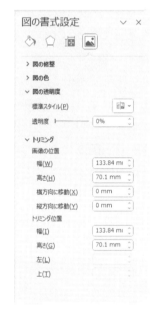

図 6.12　レイアウトのダイアログ　　　　図 6.13　図の書式設定の作業ウィンドウ

　ところで、図 6.10 には他の形式も表示されています。図中の「Microsoft Excel ワークシート オブジェクト」を選択すれば、Excel の形式で貼り付けられます。その下の「リッチテキスト形式(RTF)」を選択すれば、Word における表形式として貼り付けられます。他の各形式については、結果の欄の説明を確認するといいでしょう。また、後述の 6.8 節も参考にしてください。ここまでを work62.docx として保存しておきます。

6.4　セルの絶対参照と複合参照

6.4.1　参照するセルを固定する必要性

　式(6.1)の y の値を Excel で計算させることを考えてみましょう。ただし x の範囲は、$0° \leqq x \leqq 180°$ で $10°$ 刻みとし、a の値は $1 \sim 5$ までの整数値とします。

$$y = \sin(ax) \tag{6.1}$$

まず、**図 6.14** のように、A 列に x の値を入力します。そして、B 列においてラジアンに変換し、さらに C〜G 列を使って y の値を計算させます。このためにセル C1 から G1 では、a の値を入力することになります。

それではセル A1 に「度」と入力して、セル A2 から A20 まで、0°〜180°までの値を 10°刻みで入力しましょう。オートフィルをうまく使用してください。次にセル B1 に「ラジアン」と入力して、A 列に対応した計算をさせます。度をラジアンに変換するには、「RADIANS()」という関数を使用します。さらにセル C1 に a の値である「1」を入力します。そして、セル C2 には、「=SIN(C1*B2)」を入力します。

ここで同じようにして、フィルハンドルをセル C20 までドラッグしても図 6.14 のようにはならず、すべてが「0」と表示されてしまいます。この原因を探るためにセル C3 を確認すれば、**図 6.15** のようになっていることがわかります。すなわち、セル C3 の 1 つ上の C2 と左隣のセル B3 の積を計算しているわけです。他のセルも同様の計算になっています。オートフィルでは、セルの指定が相対的となっているのです。この参照方式を**相対参照**と呼んでいます。このために希望通りの計算をさせるには、a の値をセル C1 に固定させておく必要があります。

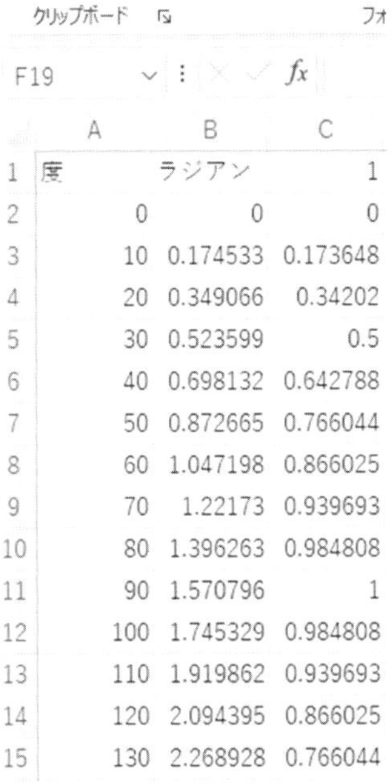

	A	B	C
1	度	ラジアン	1
2	0	0	0
3	10	0.174533	0.173648
4	20	0.349066	0.34202
5	30	0.523599	0.5
6	40	0.698132	0.642788
7	50	0.872665	0.766044
8	60	1.047198	0.866025
9	70	1.22173	0.939693
10	80	1.396263	0.984808
11	90	1.570796	1
12	100	1.745329	0.984808
13	110	1.919862	0.939693
14	120	2.094395	0.866025
15	130	2.268928	0.766044

図 6.14　計算の途中過程

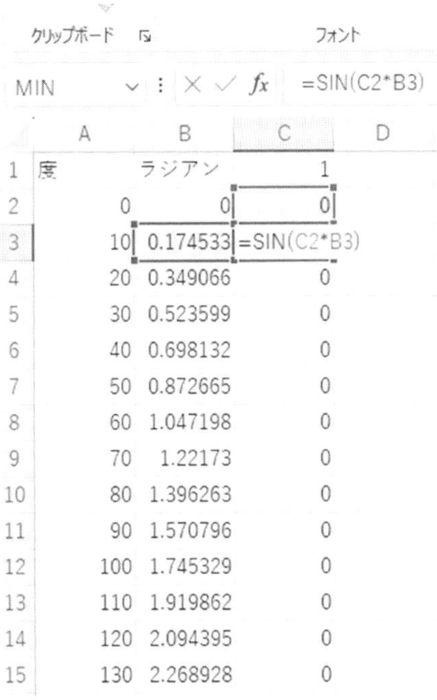

MIN　=SIN(C2*B3)

	A	B	C	D
1	度	ラジアン	1	
2	0	0	0	
3	10	0.174533	=SIN(C2*B3)	
4	20	0.349066	0	
5	30	0.523599	0	
6	40	0.698132	0	
7	50	0.872665	0	
8	60	1.047198	0	
9	70	1.22173	0	
10	80	1.396263	0	
11	90	1.570796	0	
12	100	1.745329	0	
13	110	1.919862	0	
14	120	2.094395	0	
15	130	2.268928	0	

図 6.15　セル C3 の内容

6.4.2　参照するセルの固定方法

セルの参照を固定するには、行や列を固定する意味を持つ「$」を使います。この使い方は、次の 3 通りです。

（1）\$列\$行（例：\$C\$1）

　ある1つのセルに固定されます。このような参照方式を**絶対参照**といいます。

　　例：C1 C1 C1 …

（2）列\$行（例：C\$1）

　行を固定して列は相対的に指定されます。この方法は**複合参照**と呼ばれています。

　　例：C1 D1 E1 …

（3）\$列行（例：\$C1）

　列を固定して行は相対的に指定されます。こちらの方法も複合参照と呼びます。

　　例：C1 C2 C3 …

　上記の(1)～(3)は「F4」キーを押すことで順番に切り換わります。例えば、セルに入力された「C1」にカーソルを合わせ「F4」キーを押すことにより、次のように変わっていきます。

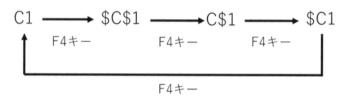

図 6.16　F4 キーによる切り替え

　それでは、セル C2 に「=SIN(C\$1*\$B2)」を入力してみましょう。そして、フィルハンドルをドラッグして C20 までを自動的に計算させます。これで図 6.14 と同じような結果になったはずです。

　さらに、**図 6.17** のように残りの $a =$ 2,3,4,5 についても計算させておきましょう。セル D1 から G1 にそれぞれ 2,3,4,5 を入力して、セル C2 から C20 までを選択し、あとはドラッグするだけです。この結果を work63.xlsx に保存します。

6.4.3　練習

　ここでは、116 ページの 6.2.3 項で説明した手順で、work63.xlsx のデータも **表 6.3** のような体裁にしてみましょう。またシート名を「Sheet1」から「case1」

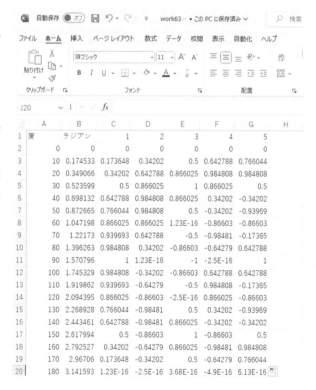

図 6.17　work63.xlsx の完成

に変更します。変更の方法がわからない人は、第5章を読み返しましょう。表が完成すれば、work63.xlsx に上書き保存しておきましょう。

表 6.3　*y*=sin(***ax***)の計算の表（***a***=1,2,3,4,5 のとき）

度	ラジアン	*a* の値				
		1	2	3	4	5
0	0.00000	0.00000	0.00000	0.00000	0.00000	0.00000
10	0.17453	0.17365	0.34202	0.50000	0.64279	0.76604
20	0.34907	0.34202	0.64279	0.86603	0.98481	0.98481
30	0.52360	0.50000	0.86603	1.00000	0.86603	0.50000
40	0.69813	0.64279	0.98481	0.86603	0.34202	-0.34202
50	0.87266	0.76604	0.98481	0.50000	-0.34202	-0.93969
60	1.04720	0.86603	0.86603	0.00000	-0.86603	-0.86603
70	1.22173	0.93969	0.64279	-0.50000	-0.98481	-0.17365
80	1.39626	0.98481	0.34202	-0.86603	-0.64279	0.64279
90	1.57080	1.00000	0.00000	-1.00000	0.00000	1.00000
100	1.74533	0.98481	-0.34202	-0.86603	0.64279	0.64279
110	1.91986	0.93969	-0.64279	-0.50000	0.98481	-0.17365
120	2.09440	0.86603	-0.86603	0.00000	0.86603	-0.86603
130	2.26893	0.76604	-0.98481	0.50000	0.34202	-0.93969
140	2.44346	0.64279	-0.98481	0.86603	-0.34202	-0.34202
150	2.61799	0.50000	-0.86603	1.00000	-0.86603	0.50000
160	2.79253	0.34202	-0.64279	0.86603	-0.98481	0.98481
170	2.96706	0.17365	-0.34202	0.50000	-0.64279	0.76604
180	3.14159	0.00000	0.00000	0.00000	0.00000	0.00000

6.5　シートの複写

　さらに、**表 6.4** のように *a*=6,7,8,9,10 の時の計算表を別に作ることを考えます。最初から作り直してもよいのですが、それでは非効率です。せっかくシート「case1」で計算過程を確立したのですから、ぜひとも利用したいものです。そこでシートを複写して利用します。

　ホームタブを選択し「セル－書式－シートの移動またはコピー」をクリックすると、**図 6.18** のような「移動またはコピー」のダイアログが表示されます。このダイアログの「コピーを作成する」の項目にチェックを付けて、挿入先は「(末尾へ移動)」を選択し、「OK」ボタンをクリックします。これにより、ワークシート「case1」のコピーが「case1(2)」というシート名で「case1」の右側に作成されます。シート名を「case2」に変更しましょう。ここで注意したいのは、「コピーを作成する」にチェックをしておかないと移動になってしまうことです。また別のブックに対しても移動や複写をすることもできます。あらかじめ移動先のブックを開いておき、移動先のブック名の欄で、そのブックを選択すればよいのです。それでは、シート「case2」におけるセル C2 から G2 の値を 6～10 に変更して、**図 6.19** のようなシートを完成させましょう。このシートは、表 6.4 の体裁も維持されています。ここまでを work63.xlsx に上書き保存しておきましょう。

表 6.4　*y*＝sin(*ax*)の計算の表（*a*=6,7,8,9,10 のとき）

度	ラジアン	*a*の値				
		6	7	8	9	10
0	0.00000	0.00000	0.00000	0.00000	0.00000	0.00000
10	0.17453	0.86603	0.93969	0.98481	1.00000	0.98481
20	0.34907	0.86603	0.64279	0.34202	0.00000	−0.34202
30	0.52360	0.00000	−0.50000	−0.86603	−1.00000	−0.86603
40	0.69813	−0.86603	−0.98481	−0.64279	0.00000	0.64279
50	0.87266	−0.86603	−0.17365	0.64279	1.00000	0.64279
60	1.04720	0.00000	0.86603	0.86603	0.00000	−0.86603
70	1.22173	0.86603	0.76604	−0.34202	−1.00000	−0.34202
80	1.39626	0.86603	−0.34202	−0.98481	0.00000	0.98481
90	1.57080	0.00000	−1.00000	0.00000	1.00000	0.00000
100	1.74533	−0.86603	−0.34202	0.98481	0.00000	−0.98481
110	1.91986	−0.86603	0.76604	0.34202	−1.00000	0.34202
120	2.09440	0.00000	0.86603	−0.86603	0.00000	0.86603
130	2.26893	0.86603	−0.17365	−0.64279	1.00000	−0.64279
140	2.44346	0.86603	−0.98481	0.64279	0.00000	−0.64279
150	2.61799	0.00000	−0.50000	0.86603	−1.00000	0.86603
160	2.79253	−0.86603	0.64279	−0.34202	0.00000	0.34202
170	2.96706	−0.86603	0.93969	−0.98481	1.00000	−0.98481
180	3.14159	0.00000	0.00000	0.00000	0.00000	0.00000

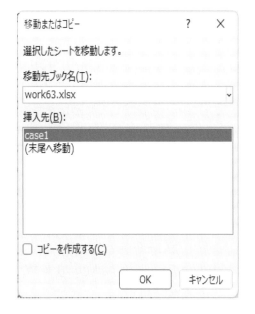

図 6.18　シートのコピー方法

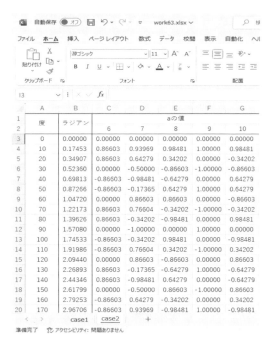

図 6.19　case2 の完成

6.6 効率のよいグラフ作成

6.6.1 グラフの作成

式(6.1)の性質を明確にするために、次の手順でグラフを作成してみましょう。

(1) セルの選択

シート「case1」のセル A3 から A21 までと、セル C3 から G21 までを**図 6.20** のように選択します。連続しないセルを選択するには、Ctrl キーを押しながら 2 つ目のエリアをドラッグします。

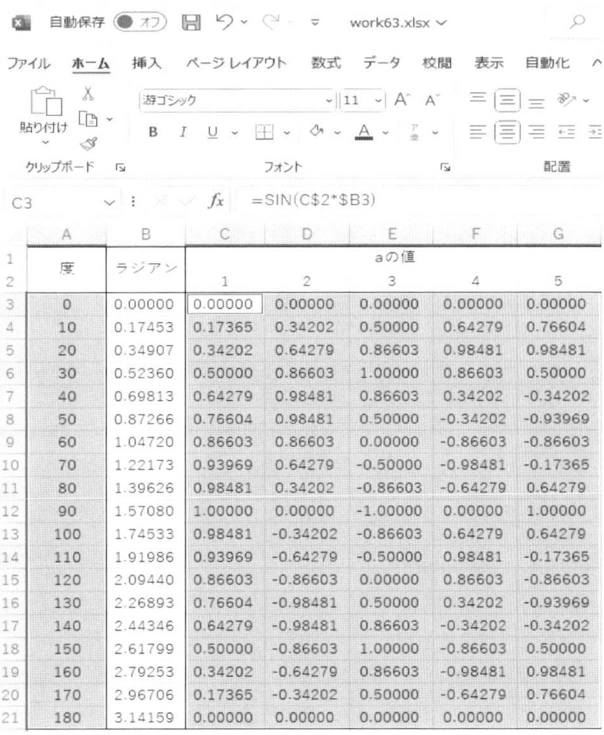

(2) 散布図の作成

前回説明した手順にしたがって、グラフを作成してください。ただしグラフの種類は、散布図を使用します。マーカーのない滑らかな曲線が描かれている散布図を選択しましょう。グラフのオブジェクトが表示されたら、「グラフの移動」をクリックしてグラフシートに移すことを忘れないようにしましょう。これにより、グラフシート「グラフ 1」が追加されます。次に、凡例項目の名称をそれぞれ、「*a*=1」

	A	B	C	D	E	F	G
1	度	ラジアン			aの値		
2			1	2	3	4	5
3	0	0.00000	0.00000	0.00000	0.00000	0.00000	0.00000
4	10	0.17453	0.17365	0.34202	0.50000	0.64279	0.76604
5	20	0.34907	0.34202	0.64279	0.86603	0.98481	0.98481
6	30	0.52360	0.50000	0.86603	1.00000	0.86603	0.50000
7	40	0.69813	0.64279	0.98481	0.86603	0.34202	-0.34202
8	50	0.87266	0.76604	0.98481	0.50000	-0.34202	-0.93969
9	60	1.04720	0.86603	0.86603	0.00000	-0.86603	-0.86603
10	70	1.22173	0.93969	0.64279	-0.50000	-0.98481	-0.17365
11	80	1.39626	0.98481	0.34202	-0.86603	-0.64279	0.64279
12	90	1.57080	1.00000	0.00000	-1.00000	0.00000	1.00000
13	100	1.74533	0.98481	-0.34202	-0.86603	0.64279	0.64279
14	110	1.91986	0.93969	-0.64279	-0.50000	0.98481	-0.17365
15	120	2.09440	0.86603	-0.86603	0.00000	0.86603	-0.86603
16	130	2.26893	0.76604	-0.98481	0.50000	0.34202	-0.93969
17	140	2.44346	0.64279	-0.98481	0.86603	-0.34202	-0.34202
18	150	2.61799	0.50000	-0.86603	1.00000	-0.86603	0.50000
19	160	2.79253	0.34202	-0.64279	0.86603	-0.98481	0.98481
20	170	2.96706	0.17365	-0.34202	0.50000	-0.64279	0.76604
21	180	3.14159	0.00000	0.00000	0.00000	0.00000	0.00000

図 6.20　範囲の選択

「*a*=2」…「*a*=5」のように変更します。ただし、今回のようにイタリックで変数名を使用する場合には、事前に準備が必要です。まず、別のワークシートへ移り、数式ツールを使って「*a*」を入力してコピーします。数式ツールを使うには、Excel の挿入タブを選択し、「記号と特殊文字－数式」をクリックします。コピーができればグラフシートに戻り、デザインタブを選択し「データーデータの選択」をクリックして、**図 6.21** のような「データソースの選択」のダイアログを開きます。そして、名前を変更したい系列を選択し「編集」ボタンをクリックして、**図 6.22** の系列名に新しく名前を入れます。このときに、マウスを右クリックして「貼り付け」を選択します。

これは凡例にも反映されます。さらに横軸には「角度(°)」、縦軸には「関数値」という名前を付けておきましょう。グラフが完成すれば、work63.xlsx に上書き保存しておきましょう。

図 6.21　系列の設定

図 6.22　各系列に名前を付ける

6.6.2　グラフテンプレートの作成

　論文やレポートでは、同じ体裁のグラフをいくつも作成することが多々あります。グラフを作成するたびに前述の手順を繰り返すことは、効率が悪いといわざるを得ません。それに機械的に同じ体裁のグラフを作成した方が、仕上りも安定しています。Excel には、ユーザーが作成したグラフの体裁をテンプレートとして保存する機能があります。ここでは、先程作成した「case1」のグラフと同じ体裁で、「case2」のグラフを作成してみましょう。

　まず、先程作った「グラフ 1」が表示されていることを確認します。そして、グラフエリア内で右クリックし、図 6.23 のように「テンプレートとして保存」をクリックします。これにより、図 6.24 のような「グラフテンプレートの保存」のダイアログが表示されますので、ファイル名の欄に "style1" とタイプして保存をクリックすれば登録完了です。

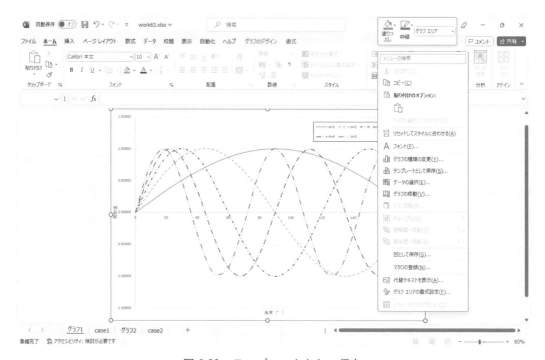

図 6.23　テンプレートとして保存

図 6.24　style1 として保存

6.6.3　グラフテンプレートの利用

　次に「case2」のセル A3 から A21 までと、セル C3 から G21 までを選択して、先程と同じ方法で散布図を作成します。そして、グラフシートに移動させておきます。その後、グラフのデザインタブが選択されていることを確認したうえで「種類－グラフの種類の変更」をクリックし、「グラフの種類の変更」のダイアログを表示させます。このダイアログの左側の項目にある「テンプレート」をクリックすれば、**図 6.25** のように表示されます。ここで、先程作成した「style1」を選択して「OK」ボタンをクリックすれば「グラフ 1」から作られたテンプレートが適用されます。念のために、「グラフ 2」が「グラフ 1」と同じ体裁のグラフになっていることを確認してください。後は必要に応じて、軸や凡例等に修正を施せば新しいグラフの完成です。ここまでを work63.xlsx に上書き保存しておきましょう。

図 6.25　グラフの種類の変更のダイアログ

6.7 グラフの装飾

　さらに、work63.xlsx の「グラフ 1」を**図 6.26** のように加筆修正してみましょう。図 6.26 ではグラフにいくつかの描画オブジェクトが追加されています。追加されたオブジェクトは、「極大値」や矢印、円です。描画オブジェクトを加えるには、グラフエリアをクリックしたうえで、**図 6.27** のように挿入タブの「図－図形」のメニューから矢印や円を加えて編集し、図 6.26 のように修正してみましょう。

　以上が完成すれば、work64.xlsx として保存しておきましょう。

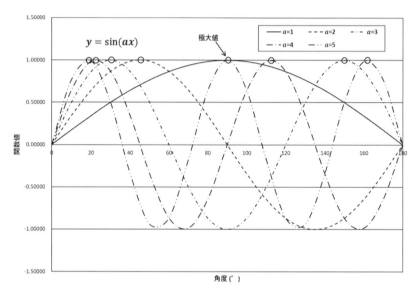

図 6.26　装飾されたグラフ

図 6.27　図形描画

6.8　Wordへのグラフの貼り付け

6.8.1　形式を選択して貼り付け

　それでは、今完成させたグラフをWordの文書に貼り付けてみましょう。ここでは、まずWordを起動して**図 6.28**のように各キャプションをタイプしておき、それぞれの場所に、各形式でグラフを貼り付けて確認します。ホームタブを選択し「クリップボード－貼り付け－形式を選択して貼り付け」をクリックすれば、**図 6.29**のような「形式を選択して貼り付け」のダイアログが表示されます。以下に示される順番に、各形式で貼り付けてみましょう。

図 6.28　各キャプションのタイプ

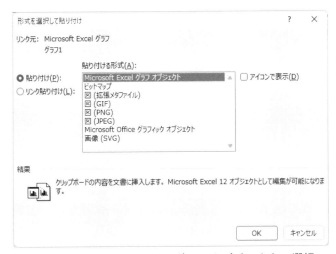

図 6.29　Microsoft Excel グラフオブジェクトの選択

(1) Microsoft Excel グラフオブジェクト

　この項目を選択すれば、文字通り Excel グラフオブジェクトとして扱われます。少し大きく貼り付けられますので、右クリックして「図」を選択し、「オブジェクトの書式設定」のダイアログを開きます。そして、「サイズ」のタブを選択して倍率を調整します。貼り付けたオブジェクトをダブルクリックすれば、**図 6.30** のように表示され、編集可能な状態になります。この形式は Excel ですからグラフの編集も容易です。シートを「グラフ 1」から「case1」に切り替えてみてください。グラフは、この「case1」のデータから作成されています。

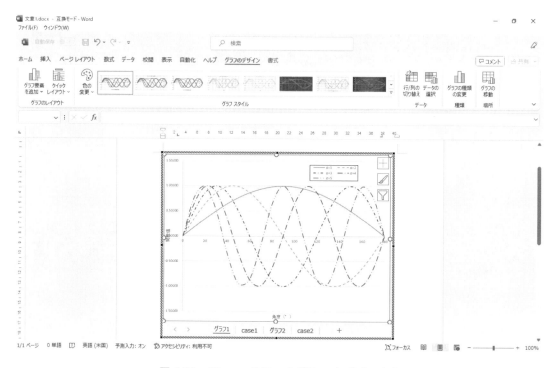

図 6.30　Microsoft Excel グラフオブジェクト

　したがって、このデータを変更すれば、自動的に「グラフ 1」も変化します。実際にセル C13 から C21 までを「0」と入力して、「グラフ 1」に戻ってみましょう。**図 6.31** のようにグラフが修正されることが確認できます。このオブジェクト以外の場所をクリックすれば、編集は終了します。

(2) ビットマップ

　文字や画像をドット単位で表現しています。このため多くのデータ容量が必要となりますが、画面に表示された通りのイメージになります。しかし、拡大すると画像が劣化する可能性があります。この形式で貼り付けた場合には、後で修正をすることは困難です。そのため、Excel で修正してからグラフを貼り付け直す必要があります。

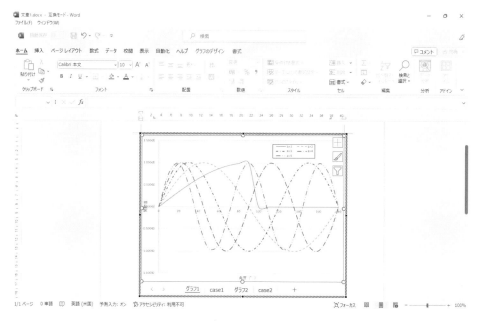

図 6.31　データ変更後のグラフ

（3）図もしくは図（拡張メタファイル）

　この形式はピクチャ形式です。この形式は必要なデータ容量が小さいうえに、ビットマップよりもきれいに印刷できることが特徴です。そして、拡大や縮小にも適しています。このオブジェクトを右クリックして「図の編集」を選択すれば、描画ツールで編集することができます。グラフに挿入した図形等の修正は可能ですが、グラフ線の編集には適しません。そのような修正が必要な場合には、Excel ファイルに戻って、グラフを修正してから貼り付け直すことになります。

　各形式でグラフを貼り付けたこの文書を、work65.docx として保存しておきましょう。他にも多くの形式があります。必要に応じて各自で調べてみましょう。

6.8.2　リンク貼り付け

　ここで、図 6.29 の左部にある「貼り付け」と「リンク貼り付け」に着目しましょう。図6.29 のダイアログで「リンク貼り付け」を選択すれば、**図 6.32** のように表示が変わります。今までのように「貼り付け」を選択すれば、新しいオブジェクトとして Word の文書に貼り付けられます。しかし、「リンク貼り付け」では、元のデータと関係づけられて貼り付けられます。すなわち、元のデータに変更が加われば、貼り付けられたオブジェクトの内容も自動的に修正されます。

　それでは Word で新規に文書を用意して**図 6.33** のようにキャプションを入力し、リンク貼り付けを選択してから各形式で Word に貼り付けてみましょう。先程と同じようにwork64.xlsx の「グラフ 1」を実際に次の形式で貼り付けてみます。ただし、今回はデータを変更してしまうことになりますので、work64.xlsx をコピーして使用することにします。

図 6.32　リンク貼り付けの選択

図 6.33　リンク貼り付けの各項目の入力

（1）Microsoft Excel グラフオブジェクト

　実験用に work64.xlsx を test1.xlsx という名前でコピーします。そして test1.xlsx の「グラフ1」を Word の文書に形式を選択して貼り付けます。この際に、図 6.32 のように「リンク貼り付け」を選択してから、「Microsoft Excel グラフオブジェクト」で貼り付けます。前回と同じように、大きく貼り付けられますので、オブジェクトのサイズの倍率を設定しておきます。貼り付けが完了すれば、test1.xlsx は閉じておきます。

　さてリンク貼り付けの特徴は、貼り付けたオブジェクトが元のデータと関連づけられていることでした。貼り付けたグラフオブジェクトをダブルクリックすれば、test1.xlsx が自動的に起動されます。そこで図 6.34 の左側のように、シート「case1」のセル C13 から C21 まで

を「0」に修正します。そして Word の文書ファイルに戻れば、自動的に図 6.34 の右側のように グラフが変更されます。もし、変更されていない場合は、マウスの右ボタンをクリックして**図 6.35** のように「リンク先の更新」を選択してください。もちろん、最初から自分で test1.xlsx を起動して修正しても同じ結果となります。このように元の Excel のデータを修正することで、グラフを自動的に更新できることが特徴です。

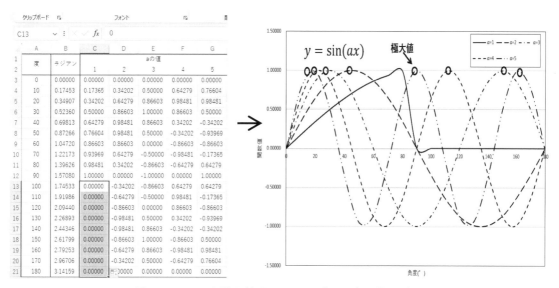

図 6.34　リンク貼り付けにおけるデータ変更後のグラフ

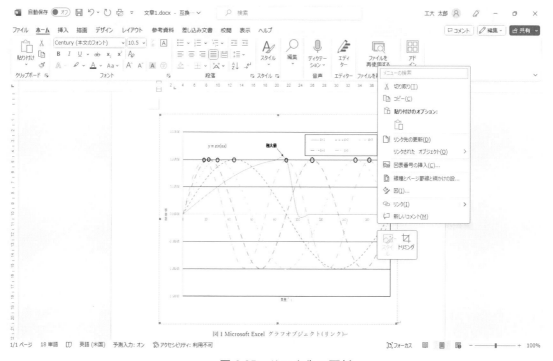

図 6.35　リンク先の更新

（2）図

　次に work64.xlsx を text2.xlsx という名前でコピーしておきます。この test2.xlsx の「グラフ1」を Word の文書に図形式でリンク貼り付けします。その後、test2.xlsx のシート「case1」のセル C13 から C21 までを「0」に修正して上書き保存します。この操作により Word の文書に貼り付けたグラフオブジェクトが、先程と同様に変更されます。確認しておきましょう。

（3）ビットマップ

　ビットマップ形式で貼り付けても同じことです。そのため、ここでは試さないものとします。各形式でリンクして貼り付けたこの文書は、work66.docx として保存しておきましょう。

6. 8. 3　運用方法

　これまでの解説のように Excel のグラフを貼り付ける際には、いくつかの選択ができます。各自にとって、最も効率のよい組み合わせを選択すればよいのです。ただ筆者の経験から、レポートや論文でグラフ等のオブジェクトを利用するときには、リンクせずに図の形式で貼り付けることを推奨します。

　リンク貼り付けは、非常に便利そうですが問題もあります。それは Excel のグラフを貼り付けた Word の文書ファイルと、そのグラフの入った Excel ファイルを同時に管理しなくてはならないからです。例えば、USB メモリ等で Word の文書ファイルを持ち出すときは、リンク関係のあるすべての Excel ファイルも移さなくてはなりません。そうしなければ、リンクの関係が壊れてしまい**図 6.36** のようなエラーメッセージが表示されます。実際に test1.xlsx や test2.xlsx を削除して Word の文書を確認してみるとよいでしょう。

図 6.36　リンク関係が壊れたことを示すエラーメッセージ

　また Excel 形式で貼り付けておけば、ちょっとした編集には便利です。しかし、Word 上のグラフオブジェクト等を修正してしまうと、Excel の元データとは異なる状態になり、管理の一元化ができなくなってしまいます。そのために結局、両方とも修正することになります。

　以上のことから、リンク貼り付けをせずに図形式で貼り付けておく方が、その後の管理のことも考えれば効率的であると筆者は考えています。グラフ等の修正が必要な時は、Excel のデータを修正し、貼り付け直すことで対応します。データや分析結果の原本は Excel で保存しておくのです。これは、6.3 節で解説した Excel の表をコピーして貼り付けるときも同様です。しかし、この組み合わせが常にベストではありません。利用目的等によって異なりますので、各自が習熟していく過程で最もよい方法を見つけてください。

6.9 課題6

式(6.2)のグラフを作成しなさい。ただし、x と y 範囲は $0° ≦ x ≦ 180°$、$0° ≦ y ≦ 180°$ で $10°$ 刻みとします。グラフの種類は等高線を利用して、白黒用に体裁を整えましょう。表とグラフが完成すれば、work67.xlsx として保存します。

さらに、それらを Word に貼り付けて印刷します。完成した Word の文書は、work68.docx として保存します。

$$z = \sin^2 x + \cos^2 y \qquad\qquad (6.2)$$

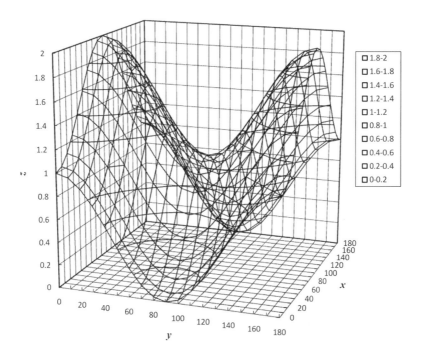

図 6.37　式(6.2)のグラフ

第7章　データの集計と回帰分析

7.1　はじめに

　第5章と第6章では、表計算ソフトの基本的な使用方法とグラフや表の作成方法について演習を行いました。そして、Word の文書にオブジェクトとして貼り付けることを解説しました。しかし、Excel では単にグラフや表を作成するだけでなく、データの集計や分析も重要な役割です。そこで今回は、Excel によるデータの集計と分析に焦点をあてた演習をしましょう。データの分析には、数学的な分析手法についての理解が不可欠となります。そのために、ここでは回帰分析に絞って演習を行います。この他にも多くの分析手法がありますから、それぞれの手法を学んだ後に、Excel を利用してみましょう。

　今回の演習内容は、次の通りです。
　① 統計関数の種類とその利用方法
　② 条件付き書式の設定方法
　③ データの並び替えの方法
　④ 論理関数の利用方法
　⑤ オートフィルターの利用方法
　⑥ マクロの利用方法
　⑦ 回帰分析の概念とその分析方法

7.2　統計関数の使用方法

7.2.1　データの入力

　表 7.1 は、ある高校における学生 50 人の数学と物理の成績データです。ここでは、これらのデータの集計と分析について考えます。まずこれらのデータを、図 7.1 の形式で入力してみましょう。入力が完了すれば、work71.xlsx として保存します。

図 7.1　データの入力

表 7.1　学生の成績データ

学生番号	数学	物理	学生番号	数学	物理
1	79	84	26	51	43
2	46	43	27	74	70
3	46	61	28	51	54
4	54	76	29	54	69
5	69	65	30	70	81
6	48	56	31	45	48
7	38	54	32	52	64
8	52	61	33	56	58
9	83	83	34	64	72
10	45	48	35	75	54
11	54	68	36	35	41
12	69	54	37	60	38
13	50	60	38	59	60
14	37	75	39	86	87
15	38	51	40	60	64
16	92	95	41	67	68
17	82	84	42	49	65
18	69	48	43	32	42
19	48	56	44	40	42
20	72	77	45	26	35
21	77	72	46	70	72
22	38	37	47	40	48
23	72	72	48	78	80
24	47	55	49	56	61
25	74	69	50	68	73

7.2.2 関数の利用

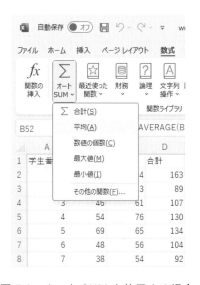

データの入力が完了すれば、各学生の合計点を計算します。２つの値の和ですから、**図 7.2** の数式バーに示されているように、列 B と列 C の和を列 D に計算します。合計を計算する関数としては「SUM()」が用意されていますので、これを利用してもかまいません。

	A	B	C	D
1	学生番号	数学	物理	合計
2	1	79	84	163
3	2	46	43	89
4	3	46	61	107
5	4	54	76	130
6	5	69	65	134
7	6	48	56	104
8	7	38	54	92
9	8	52	61	113
10	9	83	83	166

図 7.2　各学生の合計点

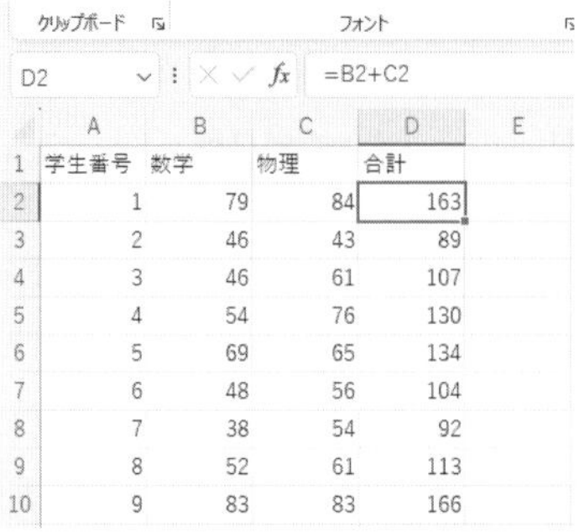

それでは、学生 50 名の成績について簡単な分析をしてみましょう。Excel には、統計計算用の関数が数多く用意されています。入力したデータの指標を、関数を使って計算してみましょう。

(1) 平均点の算出

まずは、数学と物理および合計点の平均値を計算します。セル B52 から D52 までに数学と物理、合計点の平均をそれぞれ計算させます。平均の計算には、**図 7.3** の数式バーに示されるように関数「AVERAGE()」を使用します。自分で関数を入力するか、もしくは**図 7.4** のように数式タブを選択し、「関数ライブラリーオート SUM」のメニューから「平均」をクリックする方法があります。

	A	B	C	D
1	学生番号	数学	物理	合計
2	1	79	84	163
3	2	46	43	89
4	3	46	61	107
5	4	54	76	130
6	5	69	65	134
⋮				
48	47	40	48	88
49	48	78	80	158
50	49	56	61	117
51	50	68	73	141
52	平均点	57.94	61.86	119.8
53				

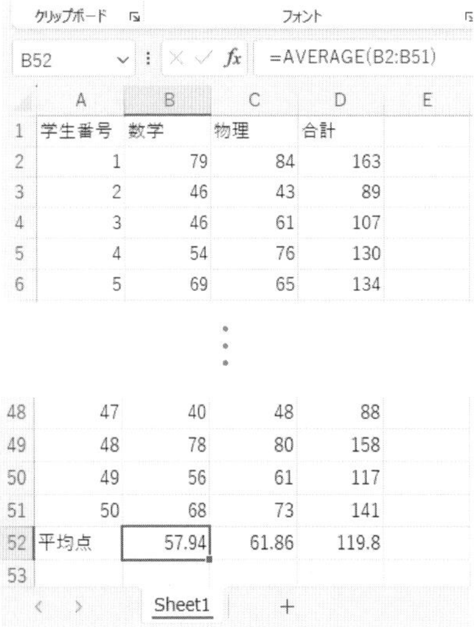

図 7.3　平均点の算出

図 7.4　オート SUM を使用する場合

(2) 標準偏差の算出

平均値は、50 人分のデータの全体的な状況を表現する値の１つです。しかし平均値が同じである２種類のデータの集まりが、同じ性質を持っている集まりとは限りません。平均値が同じであっても、次のデータの集まりは異なる性質を持っているといえます。

① 平均値の近くにほとんどが存在するデータの集まり。

② 平均値に対して非常に大きい値と小さい値がバランスしているデータの集まり。

そこで、平均値に対するデータのばらつきを調べます。この指標のことを**分散**と呼んでいます。分散は平均に対するデータのばらつきを示すものですから、偏差平方和をデータ数で割ったものとなります。すなわち n 個のデータ $\{x_1, x_2, x_3, \cdots, x_n\}$ の平均値を $\bar{x}$ とするとき、その分散 V_A は次式によって計算されます。

$$V_A = \frac{\sum_{i=1}^{n}(\bar{x}-x_i)^2}{n} \tag{7.1}$$

この分散を計算する関数として Excel には、「VARP()」が用意されています。しかし分散は平方和ですから、分散の平方根である標準偏差を用いることがあります。標準偏差 σ_A は式(7.2)で計算できます。また標準偏差を計算する関数「STDEVP()」が用意されています。

$$\sigma_A = \sqrt{V_A} = \sqrt{\frac{\sum_{i=1}^{n}(\bar{x}-x_i)^2}{n}} \tag{7.2}$$

ここでは、数学、物理、合計点の標準偏差を**図 7.5** のように、セル B53 から D53 までを使って計算してみましょう。

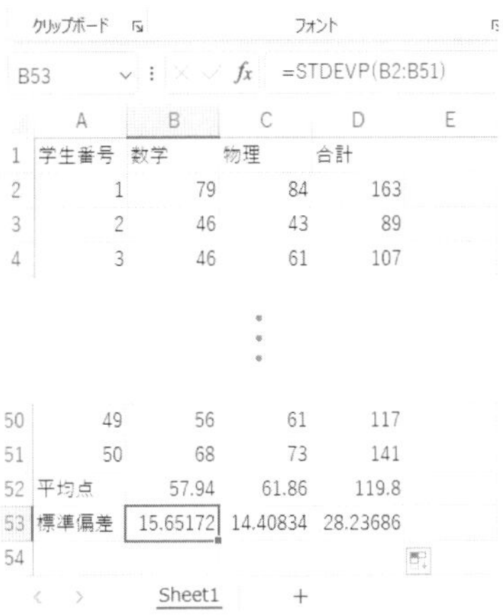

図 7.5　標準偏差の算出

さてデータを分析するときに、ある現象に対してすべてのデータを観測し分析できることはまれです。実際には、その一部を抽出して分析することが多くあります。抽出されたデータの集まりのことを**標本**といいます。これに対して、すべてのデータの集まりを**母集団**と呼んでいます。抽出されたデータの場合、標本から元の母集団の分散を推定することがあります。この分散のことを**不偏分散**といいます。n 個の標本データ $\{x_1, x_2, x_3, \cdots, x_n\}$ の平均値を $\bar{x}$ とするとき、その分散 V_B は次式によって計算できます。

$$V_B = \frac{\sum_{i=1}^{n}(\bar{x}-x_i)^2}{n-1} \tag{7.3}$$

標準偏差 σ_B は分散 V_B の平方根ですから、次式で計算されます。

$$\sigma_B = \sqrt{V_B} = \sqrt{\frac{\sum_{i=1}^{n}(\bar{x}-x_i)^2}{n-1}} \tag{7.4}$$

式(7.3)と式(7.4)は、式(7.1)や式(7.2)と比較して、分母が n から $n-1$ になっていることが特徴です。これらの指標に対応する Excel の関数としては、それぞれ「VAR()」と「STDEV()」が用意されています。なぜ「$n-1$」なのかは、統計の本を読んでみてください。ここで重要なことは、どちらの種類の分散や標準偏差を使うべきかを考えなくてはならないことであり、関数の利用には十分な注意が必要です。

（3）最高点の算出

さらに数学、物理、合計点の最高点を計算します。最高点は**図 7.6** の数式バーに記されているように、関数「MAX()」を使用します。セル B54 から D54 までを使って、それぞれの最高点を計算します。

（4）最低点の算出

同様にして最低点を計算します。最低点は**図 7.7** の数式バーのように、関数「MIN()」を使用します。セル B55 から D55 までを使って、それぞれの最低点を計算します。

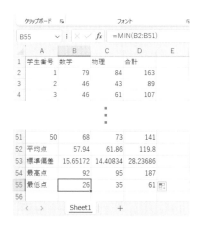

図 7.6　最高点の算出　　　　　　図 7.7　最低点の算出

（5）中央値の算出

中央値とはデータを大きさの順で並び替えたときに、ちょうど真ん中となる値のことです。すなわち、中央値よりも大きいデータの個数と小さいデータの個数が一致します。データ数が偶数の場合には、2つの値の平均値を中央値とします。

ここでは、数学と物理と合計点の中央値を計算します。中央値は、**図 7.8** の数式バーのよ

うに関数「MEDIAN()」を使用します。セル B56 から D56 までを使って、それぞれの中央値を計算します。ここまでを work71.xlsx に上書き保存しておきましょう。

図 7.8　中央値の算出

7.3　条件付き書式

前節では、データ全体の性質を見るための指標を計算してきました。ここからは、学生ごとのデータに着目してみましょう。まずは、ある条件を満たしているセルを明確にすることを考えます。ここでは、数学と物理の点が 55 点未満のセルならびに合計点が 120 点未満のセルを強調した表示に変更します。すなわち、これらの条件を満たしている箇所を図 7.9 のように、他のセルとは異なる書式にします。図 7.9 ではわかりづらいですが、数学と物理の列では 55 点未満の値が赤色の太字で表示されています。合計の列では、120 点未満の値が同様の表示になっています。

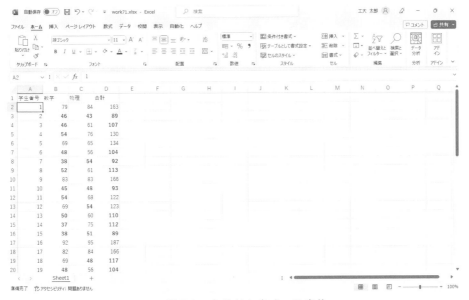

図 7.9　条件付き書式の設定後

　まず、セル B2 から B51 を選択します。そして、**図 7.10** のようにホームタブを選択し「ス
タイル－条件付き書式－セルの強調表示ルール－指定の値より小さい」をクリックします。
これにより、**図 7.11** のようなダイアログが表示されます。そして、数学の得点が 55 点未満
ですから、この図の左側の欄に「55」と入力します。右側の書式については「ユーザー設定
の書式」を選択して、フォントタブを選択し、スタイルを「太字」にして、色は「赤」に設
定します。あとは、「OK」ボタンをクリックすれば完了です。数学の得点が 55 点未満の箇所
は、赤色の太字で表示されていることを確認しましょう。

　同様にして、物理と合計点についても設定します。ただし合計点の方は、120 点未満であ
ることに注意してください。ここまでを work71.xlsx に上書き保存しておきましょう。また
図 7.10 において、「その他のルール」を選択すれば、他の条件設定を行うこともできます。

　なお、条件付き書式が設定されたセルの値を消しても、書式の設定は保持されます。その
ため書式を解除したい場合には、**図 7.12** の「ルールのクリア」をクリックします。そして、
一部のセルのルールだけを解除したい場合は「選択したセルからルールをクリア」を選択し
ます。また、設定したルールすべてを解除したい場合には、「シート全体からルールをクリ
ア」をクリックしましょう。

図 7.10　条件付き書式の設定

図 7.11　指定の値より小さいのダイアログ　　　　図 7.12　条件付き書式の削除の選択

7.4 データの並べ替え

　合計点の大きさによって、データの順序を並び替えてみましょう。データを並べ替えることにより、データ全体のイメージを理解しやすいからです。並べ替えのことを**ソート**と呼ぶこともあります。ここでは、合計点の高い順にデータを並べ替えます。大きい順に並べることを**降順**、逆に小さい順に並べることを**昇順**と呼びます。ただし合計点が同値のデータは、数学の得点の大小で順を決めるものとします。さらに同値の場合には、物理の得点の大小によって順番を決めるものとします。

　さて Excel には、並べ替えの機能があります。並べ替えの対象となるセル A1 から D51 までを選択します。そして、ホームタブを選択し「編集－並べ替えとフィルター－ユーザー設定の並べ替え」をクリックします。これにより、**図 7.13** のような「並べ替え」のダイアログが開きます。まず合計点による並べ替えを実施したいので、最優先されるキーには、「合計」を選択します。順序は大きい順ですから「大きい順」を選択します。また、合計点が同値のデータであるときには、数学の得点の大小によって並べ替えを行いますので、「レベルの追加」をクリックします。優先は「数学」で、順序は「大きい順」を選択します。同じように、3 番目に優先される「物理」も設定しておきましょう。この状態で「OK」をクリックすれば並べ替えは実行され、**図 7.14** のようになります。結果を work72.xlsx として保存します。

図 7.13　並べ替えのダイアログ

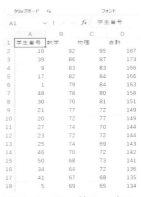

図 7.14　並べ替えの完了

7.5 論理関数の使用方法

7.5.1 単純な形式

　合計点を元にして合格、不合格を判定してみましょう。合否の判定を実施するには、セルの値が与えられた条件を満たすかどうかによって、処理を変える必要があります。すなわち、合計点が 120 点以上であればセルに「合格」と表示させ、120 点未満であれば「不合格」がセルに表示される仕組みが必要です。このような関数として「IF()」が用意されています。論理関数「IF()」は**図 7.15** のような形式で記述されます。

IF(論理式，真の場合の値または処理，偽の場合の値または処理)

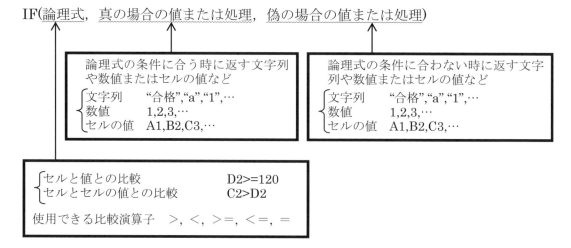

論理式の条件に合う時に返す文字列
や数値またはセルの値など
- 文字列　　"合格","a","1",…
- 数値　　　1,2,3,…
- セルの値　A1,B2,C3,…

論理式の条件に合わない時に返す文字
列や数値またはセルの値など
- 文字列　　"合格","a","1",…
- 数値　　　1,2,3,…
- セルの値　A1,B2,C3,…

- セルと値との比較　　　　　　D2>=120
- セルとセルの値との比較　　　C2>D2

使用できる比較演算子　>, <, >=, <=, =

図 7.15　関数 IF()の構造

　ここでは**図 7.16** のように、列 E を使って各学生の合否を判定します。セル E2 に図 7.16 の数式バーのように関数「IF()」を入力します。そして、オートフィルを使ってセル E3 から E51 までを入力します。完成すれば、各学生の合否を確認してみましょう。Excel の自動計算に任せるのではなく、目視による確認の習慣が必要です。また、条件によって処理方法を変更することは、プログラミングの基本的な考え方となりますので、しっかり学習しておきましょう。

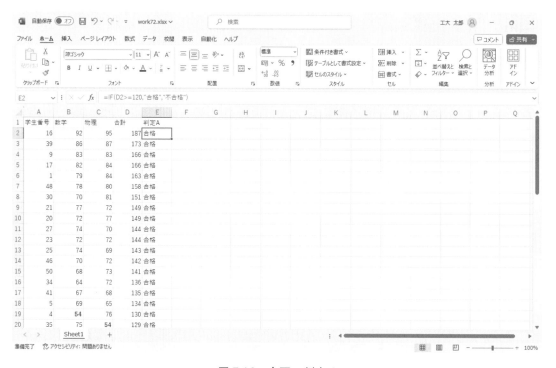

図 7.16　合否の判定 A

7.5.2 入れ子構造

　関数「IF()」の中に、さらに関数「IF()」を記述することで、複雑な判定を行うこともできます。論理式の後に値だけでなく処理も記述できるので、ここに関数「IF()」を書くことができます。先程の判定 A は、単に合計点だけで合否を判定していました。しかし**図 7.17** の判定 B では、数学と物理の得点が 55 点未満であればそれだけで不合格という判定をします。

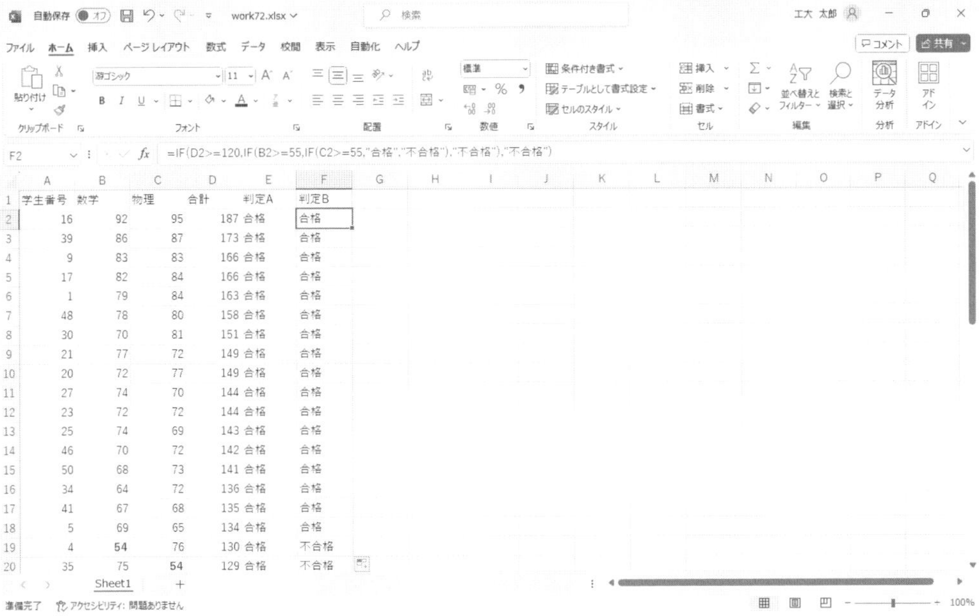

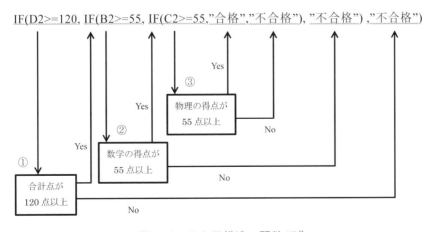

図 7.17　合否の判定 B

　ここで使用した「IF()」は、**図 7.18** のような構造になっています。合計点が 120 点以上であれば②の関数「IF()」に処理が移り、そうでなければセルに「不合格」を代入します。②の関数「IF()」では、数学の得点が 55 点以上であれば③の関数「IF()」に処理が移り、そうでなければセルに「不合格」を代入します。最後に③の関数「IF()」が処理されます。

IF(D2>=120, IF(B2>=55, IF(C2>=55,"合格","不合格"), "不合格") ,"不合格")

図 7.18　入れ子構造の関数 IF()

7.5.3 AND の利用

入れ子の構造は非常に複雑です。しかし、関数「AND()」を使えば**図7.19**のように簡単に記述できます。すなわち判定Cは、「合計点が120点以上」かつ「数学の得点が55点以上」かつ「物理の点が55点以上」のとき合格で、それ以外は不合格という記述です。

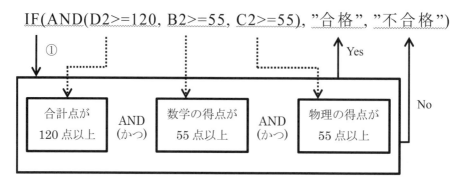

図7.19　AND を使用した関数 IF()

それでは、**図7.20**のようにセルG1からG51までを使って、判定Cの処理をしてみましょう。そして判定Bと判定Cが、全く同じ結果になっていることを確認しましょう。また「かつ」を表す関数「AND()」に対して、「または」を表す関数「OR()」も利用できます。

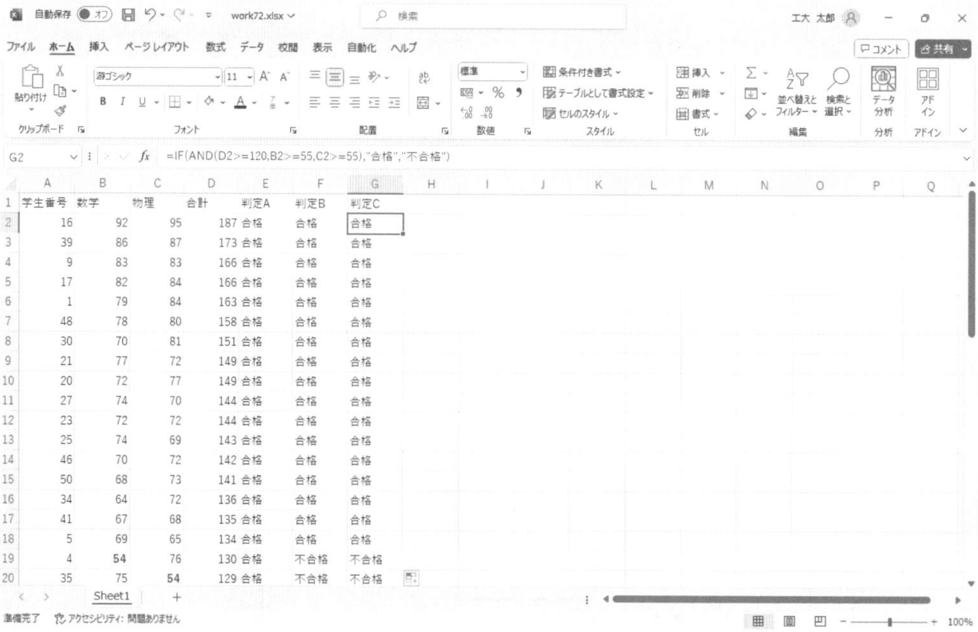

図7.20　合否の判定 C

7.5.4 合格者数の算出

さて判定AからCにおけるそれぞれの合格者数が、気になるところです。条件を満たすセルの個数を算出する関数として、「COUNTIF()」が用意されています。この関数を用いて、

各判定での合格者数をそれぞれ計算してみましょう。ここでの条件は、セルの値が「合格」であることです。まずセル I2 に「判定 A」と入力します。そして、セル J2 に**図 7.21** の数式バーのように関数を入力します。これによりセル E2 から E51 までを対象として、「合格」という値を持つセルの個数を算出します。

　同様にして判定 B の合格者数をセル J3 に、判定 C の合格者数をセル J4 に計算させてみましょう。ここまでを work72.xlsx に上書き保存しておきましょう。

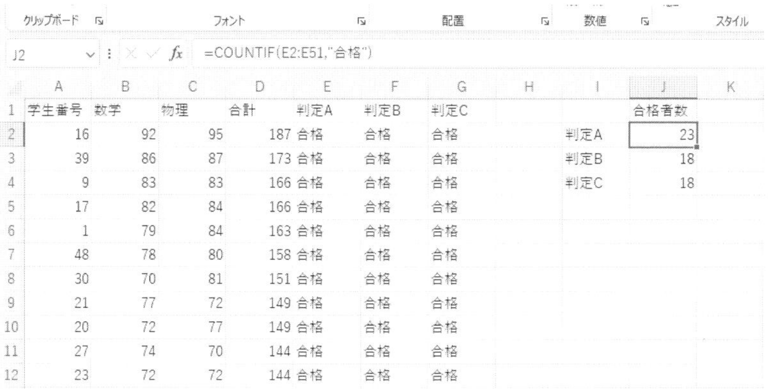

図 7.21　合格者数の算出

7．5．5　練習

　図 7.21 では、各判定の基準は固定された値でした。しかしこれでは、判定基準と合格者数の関係を調べることは困難です。例えば、合計点を 130 点にすれば合格者数がどれだけ減少するのかを調べたいこともあります。そこで、**図 7.22** のように判定基準をセルで与えるように変更しましょう。図のようにセル J7 から J9 までに、それぞれ数学、物理、合計点の判定基準を入力するものとします。これらのセルを使って判定ができるように、行 E,F,G を変更してみましょう。絶対参照をうまく利用することがポイントです。また、**図 7.23** のように合計点の判定基準を変更し、判定の結果が変わることを確認しましょう。完成すれば work73.xlsx として保存します。

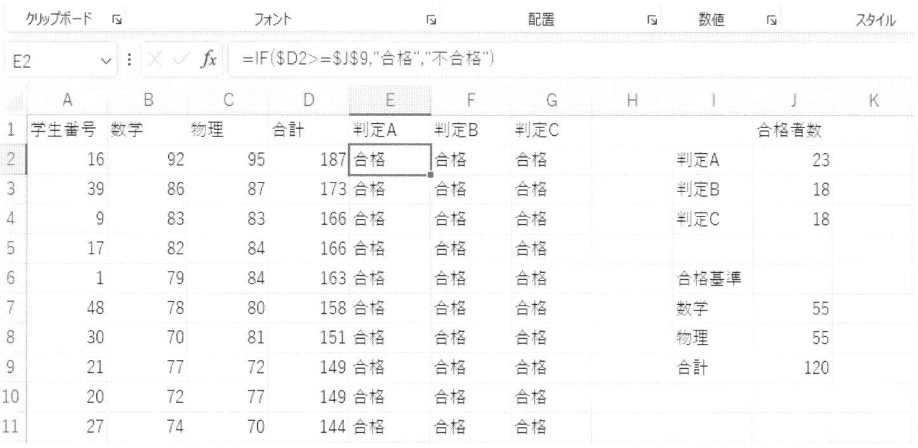

図 7.22　合格判定の再設計 a

	A	B	C	D	E	F	G	H	I	J	K
1	学生番号	数学	物理	合計	判定A	判定B	判定C			合格者数	
2	16	92	95	187	合格	合格	合格		判定A	18	
3	39	86	87	173	合格	合格	合格		判定B	17	
4	9	83	83	166	合格	合格	合格		判定C	17	
5	17	82	84	166	合格	合格	合格				
6	1	79	84	163	合格	合格	合格		合格基準		
7	48	78	80	158	合格	合格	合格		数学	55	
8	30	70	81	151	合格	合格	合格		物理	55	
9	21	77	72	149	合格	合格	合格		合計	130	
10	20	72	77	149	合格	合格	合格				
11	27	74	70	144	合格	合格	合格				

図 7.23　合格判定の再設計 b

7.6　オートフィルターの使用方法

　それでは、先述のデータの並べ替えの機能を使って、ワークシートのデータを学生番号順に戻してみましょう。学生番号順では、合格者と不合格者が混在しています。そこで、合格者の一覧を作成してみます。このために、オートフィルターを使用します。このオートフィルターを使えば、指定した条件を満たすデータだけを抽出することができます。

　ここでは、判定 A の合格者を抽出してみましょう。まず、**図 7.24** のように、ホームタブを選択し「編集－並べ替えとフィルター－フィルター」をクリックします。次に、セル E1 に追加された ▼ をクリックします。そして、合格者だけを抽出したいので、**図 7.25** のように合格だけにチェックを入れます。その結果、**図 7.26** のように判定 A で合格になっている人だけが抽出されます。他のデータは表示されていませんが、削除されたわけではありません。ここまでの成果を work74.xlsx として保存しておきましょう。

　またテーブルを作成すれば、データの並べ替えや抽出等が容易になります。このテーブルの使い方については、各自で調べておきましょう。

図 7.24　フィルターの選択

図 7.25　条件の選択

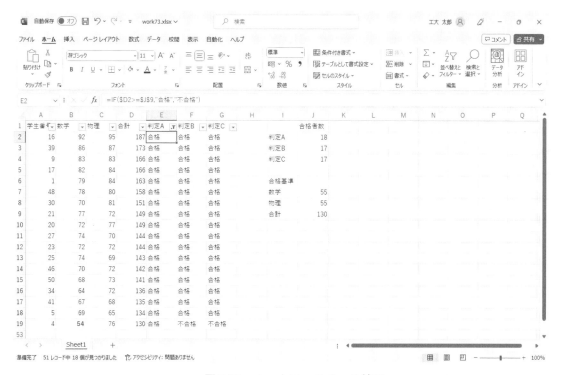

図 7.26　オートフィルターの結果

7.7 マクロの利用

　Excel でも Word と同じように、マクロを使用することができます。ここでは、Excel での
マクロの使用方法について演習しておきましょう。先程、判定 A による合格者を表示させる
オートフィルターを設定しました。そこでこれを使って、work73.xlsx の合格者一覧を自動的
に印刷するマクロを作成してみましょう。合格者一覧を印刷するには、**図 7.27** の手続きが必
要になります。

　それでは work73.xlsx を開いて、表示タブを選択し「マクロ－マクロ－マクロの記録」を
クリックしてください。これにより、**図 7.28** のような「マクロの記録」のダイアログが表示
されます。Excel のマクロの保存場所は Word と異なり、図に示されているように３種類選択
できます。図中の「個人用マクロ ブック」に保存した場合は、どのブックを開いていても
そのマクロを使用することができます。「新しいブック」に保存した場合は、新たにマクロ
用の Excel ファイルが作成され、そのファイルにマクロが保存されます。このブックが開か
れていれば、すべてのブックで使用できます。逆に閉じている場合には、そのマクロは使用
できません。最後の「作業中のブック」を選択した場合は、現在作業中のブックでのみマク
ロを使用できます。ただしこのブックが開いていれば、「新しいブック」の時と同様にすべ
てのブックで使用できます。今回は、「作業中のブック」を選択します。また、マクロ名と
して "合格者一覧印刷" とタイプして「OK」ボタンをクリックします。

①ホームタブを選択し「編集－並べ替えとフィルター－フィル
　ター」により、フィルターを設定する。

②判定 A の合格者だけを表示させるように、E 列のフィルター
　を設定する。

③ファイルタブを選択し、印刷を選択して、印刷の画面を表示
　させる。

④設定のところのページ指定の欄を使って、１ページだけを
　印刷するように設定し、「印刷」ボタンをクリックする。

⑤印刷が終了したら、E 列に設定したフィルターを解除する。

図 7.27　合格者だけを印刷する一連の手続き

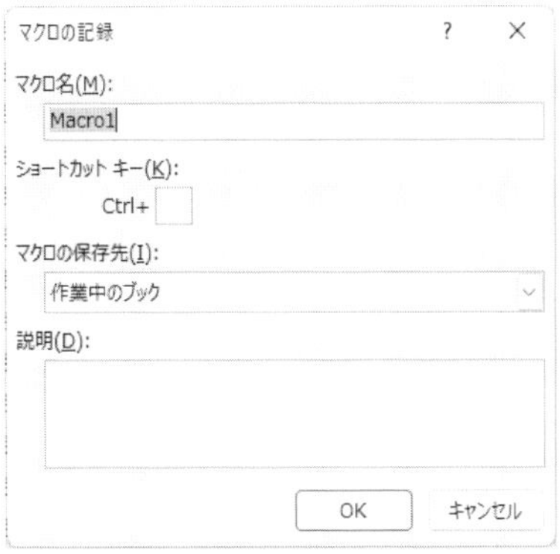

図 7.28　マクロの記録のダイアログ

　そして、図 7.27 の手続きを正確に記録します。記録が完了すれば、表示タブを選択し「マクロ－マクロ－記録終了」をクリックします。これで、新しいマクロの準備が完了しました。ところでマクロの記録中に、セルの指定を相対的な位置関係で指定したいことがあります。この場合には、表示タブを選択し「マクロ－マクロ－相対参照で記録」をクリックします。これにより、相対的な位置関係で記録されます。絶対参照に戻す場合には、再び「マクロ－マクロ－相対参照で記録」をクリックします。

　記録されたマクロを実行するには、表示タブを選択し「マクロ－マクロ－マクロの表示」をクリックします。これにより、**図 7.29** のような「マクロ」のダイアログが表示されます。ここで、今作成したマクロを選択して「実行」ボタンをクリックします。正しくマクロが作成されているか確認しておきましょう。作成されたマクロは Word の時と同様に、クイックアクセスツールバーやショートカットに登録できます。ここまでを保存しておきますが、マクロを含んでいる時はファイルタブを選択し「名前を付けて保存－Excel マクロ有効ブック」をクリックしなくてはなりません。この形式で保存すると、ファイルのアイコンと拡張子がいつもと違うことが特徴です。拡張子は、「xlsx」から「xlsm」になります。それでは、work75.xlsm として保存しておきましょう。

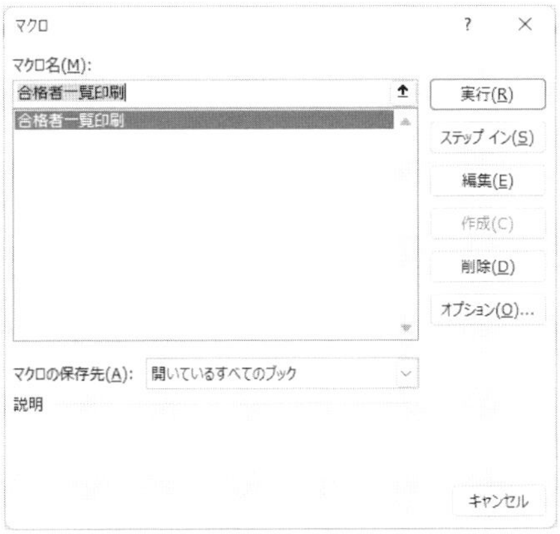

図 7.29　マクロのダイアログ

7.8 回帰分析

7.8.1 回帰分析の概要

　回帰分析とは、2変量のデータがどの程度の直線的な関係にあるかを調べ、2変量の関係を回帰式で表現することだといえます。前者は相関係数を計算し、後者は直線の傾きと切片を求めることを意味しています。

7.8.2 散布図の作成

　回帰分析を始めるまえに、散布図を描いて2変量のデータに直線的な関係がありそうか検討します。ここでは表7.1の数学と物理の得点の間に、相関関係がありそうかどうかを検討します。相関関係とは、直線的な関係と同じ意味だと理解してください。相関関係を確認するために、work72.xlsx のファイルを使って**図 7.30** のような散布図を作成してみます。

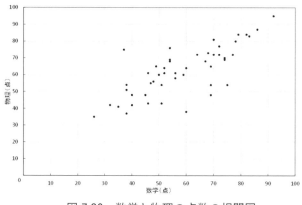

図 7.30　数学と物理の点数の相関図

　この図によれば、ばらつきが見られるものの全体として、数学の得点が高い学生は、物理の得点も高い傾向にあるといえそうです。そこで、回帰分析を行ってみます。散布図の作成が完了すれば、work76.xlsx として保存します。

7.8.3 相関係数の算出

　相関関係の強さを表現する指標として、相関係数があります。学生番号 i の人の数学の得点を x_i および物理の得点を y_i とすれば、相関係数 r は式(7.5)で計算されます。この相関係数 r は、$-1 \leqq r \leqq 1$ の範囲をとります。

$$r = \frac{\sum_{i=1}^{n}(x_i - \bar{x})(y_i - \bar{y})}{\sqrt{\sum_{i=1}^{n}(x_i - \bar{x})^2}\sqrt{\sum_{i=1}^{n}(y_i - \bar{y})^2}} \tag{7.5}$$

　そして、相関係数が1に近いほど右上がりの直線に近い関係があり、正の相関が強いと表現します。すなわち、一方の値が大きくなるにつれて、他方の値が小さくなっていく傾向が

強いといえます。逆に－1に近いほど右下がりの直線に近い関係があり、負の相関が強いと表現します。また、相関係数が0に近いほど無相関であると表現します。ここで、注意しなくてはならないのは、無相関というのは2変量の間に傾きのある直線関係がないということで、因果関係が存在しないというわけではありません。他の関係があるかもしれません。

さて相関係数を計算するために、Excel では関数「CORREL()」が用意されています。図 7.30 から、数学の得点と物理の得点の間には、相関関係がありそうです。そこで**図 7.31** のようにセル M2 を使って、相関係数を計算してみましょう。関数「CORREL()」は2変量の相関係数を計算するのですから、図 7.31 の数式バーのように2種類のデータを与えなくてはなりません。セル M2 に関数「CORREL()」を直接タイプする方法と、数式タブを選択し「関数の挿入」を利用する方法があります。

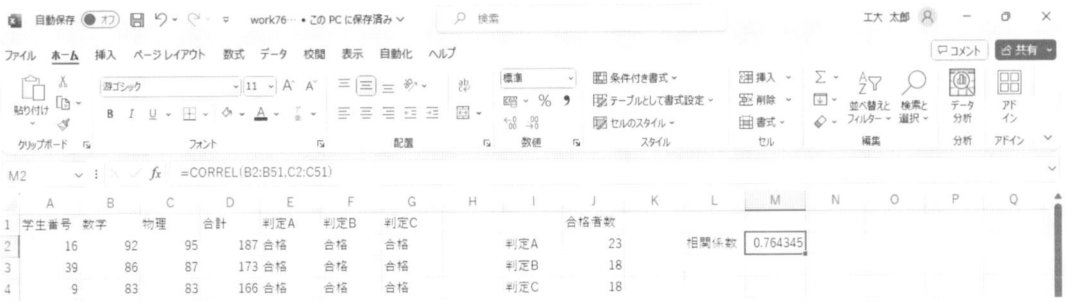

図 7.31　数学の得点と物理の得点の相関係数

7.8.4　回帰式の算出

散布図を確認し相関関数を計算して、高い相関関係が確認できれば回帰式を算出します。2変量が直線的な関係にあるのであれば、その傾き a と切片 b を求めようということです。この a と b を計算するために、最小二乗法を用います。最小二乗法で計算された直線と各データとの残差の平方和が最小になります。具体的には、a と b を式(7.6)と式(7.7)を使って、それぞれ計算すればよいのです。

$$a = \frac{\sum_{i=1}^{n}(x_i y_i) - \frac{\sum_{i=1}^{n} x_i \sum_{i=1}^{n} y_i}{n}}{\sum_{i=1}^{n} x_i^2 - \frac{(\sum_{i=1}^{n} x_i)^2}{n}} \tag{7.6}$$

$$b = \frac{\sum_{i=1}^{n} y_i - a \sum_{i=1}^{n} x_i}{n} \tag{7.7}$$

最小二乗法を使って、傾き a と切片 b を計算する関数として、「SLOPE()」と「INTERCEPT()」が用意されています。**図 7.32** のようにセル M3 に傾きを計算し、**図 7.33** のようにセル M4 に切片を計算しましょう。両図のように関数を直接タイプしてもよいですし、数式タブを選択し「関数ライブラリ―関数の挿入」をクリックしてメニューから選択してもかまいません。ただ注意しなくてはならないのは、両関数ともそれぞれの図にある数式バーに示される通り、先に y のデータを指定し、後に x のデータを指定することです。関数の中にセル C2 から C51

の後にセル B2 から B51 が記述されていることを確認してください。ここは、よく誤解される点ですので注意が必要です。

	A	B	C	D	E	F	G	H	I	J	K	L	M
	クリップボード 🔽			フォント		🔽	配置	🔽	数値 🔽		スタイル		セル
M3		🔽 : × ✓ *fx*	=SLOPE(C2:C51,B2:B51)										
1	学生番号	数学	物理	合計	判定A	判定B	判定C			合格者数			
2	16	92	95	187 合格	合格	合格			判定A	23		相関係数	0.764345
3	39	86	87	173 合格	合格	合格			判定B	18		回帰式の傾き	0.703625
4	9	83	83	166 合格	合格	合格			判定C	18			
5	17	82	84	166 合格	合格	合格							

図 7.32　回帰直線の傾き

	A	B	C	D	E	F	G	H	I	J	K	L	M
	クリップボード 🔽			フォント		🔽	配置	🔽	数値 🔽		スタイル		セル
M4		🔽 : × ✓ *fx*	=INTERCEPT(C2:C51,B2:B51)										
1	学生番号	数学	物理	合計	判定A	判定B	判定C			合格者数			
2	16	92	95	187 合格	合格	合格			判定A	23		相関係数	0.764345
3	39	86	87	173 合格	合格	合格			判定B	18		回帰式の傾き	0.703625
4	9	83	83	166 合格	合格	合格			判定C	18		回帰式の切片	21.09195
5	17	82	84	166 合格	合格	合格							

図 7.33　回帰直線の切片

7．8．5　回帰直線の記入

　回帰式の傾きと切片の計算ができました。これにより回帰式を得ることができたといえます。すなわち数学の得点 x_i を式(7.8)に代入すれば、回帰直線上の物理の得点 $\hat{y}_i$ を計算することができます。

$$\hat{y}_i = ax_i + b \tag{7.8}$$

　この回帰直線を図7.30 に挿入してみましょう。まず数学の得点に対して回帰式から得られる物理の得点を、**図 7.34** のように列 H を使って計算します。計算ができれば「グラフ1」に移ります。

　そして、グラフのデザインタブを選択し「データーデータの選択」をクリックして、「データソースの選択」のダイアログを表示させます。このダイアログの「グラフデータの範囲」の欄の右端にある 🔼 をクリックすれば「Sheet1」が表示されます。ここで、Ctrl キーを押しながら H2 から H51 までの範囲を選択し、再び 🔽 をクリックすれば、**図 7.35** のような範囲が入力されているので「OK」ボタンをクリックします。これにより「グラフ1」に回帰式が追加され、系列2として点で表されています。次に、書式タブを選択し「現在の選択範囲」のグループで「系列2」をクリックします。そして、「選択対象の書式設定」をクリックすることにより、**図 7.36** のような「データ系列の書式設定」が表示されます。ここで、「線(単色)」を選択し、その色を黒色に設定します。さらに、図 7.36 の「マーカー」を選択して、「マーカーのオプション」の項目で「なし」に設定しておきましょう。設定が終われば図 7.36 を閉じます。

以上の操作により、**図 7.37** のように回帰直線を挿入することができます。ここまでを work76.xlsx に上書き保存しておきましょう。

図 7.34 回帰直線のデータ

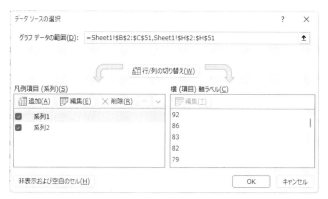

図 7.35 データの追加

図 7.36 データ系列の書式設定

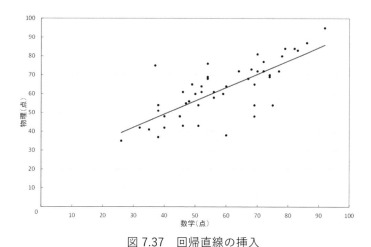

図 7.37 回帰直線の挿入

7.8.6　分析ツールの利用

　Excel には分析ツールが用意されていますので、これを利用する方法もあります。まずファイルタブを選択し「オプション」をクリックします。そして、**図 7.38** のように「Excel のオプション」のダイアログの「アドイン」を選択します。さらに、この図下部のように管理の欄が「Excel アドイン」になっていることを確認して「設定」ボタンをクリックします。これにより、**図 7.39** のような「アドイン」のダイアログが表示されますので、「分析ツール」にチェックを入れて「OK」ボタンをクリックします。すると、**図 7.40** のようにデータタブの右端に分析グループが追加され、データ分析を行うことができるようになります。

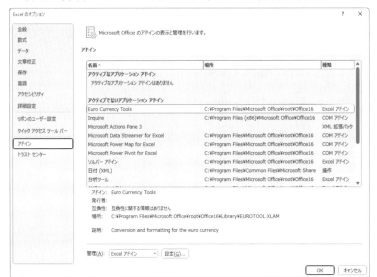

図 7.38　Excel のオプションのダイアログ

図 7.39　アドインのダイアログ

図 7.40　分析ツール

　では早速、データ分析を実際に行ってみましょう。今回は回帰分析を使用しますので、**図 7.41** のように選択して「OK」ボタンをクリックします。これにより、「回帰分析」のダイアログが開きますので、**図 7.42** のように入力 Y 範囲の欄にセル C2 から C51 までを入力し、入力 X 範囲の欄にセル B2 から B51 までを入力します。入力 Y 範囲を先に入力することに注意しましょう。また出力オプションの項目で「新規ワークシート」を選び、「回帰分析」と入力して「OK」ボタンをクリックします。

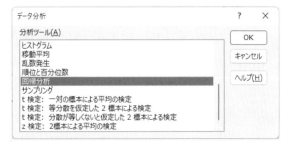

図 7.41　データ分析のダイアログ

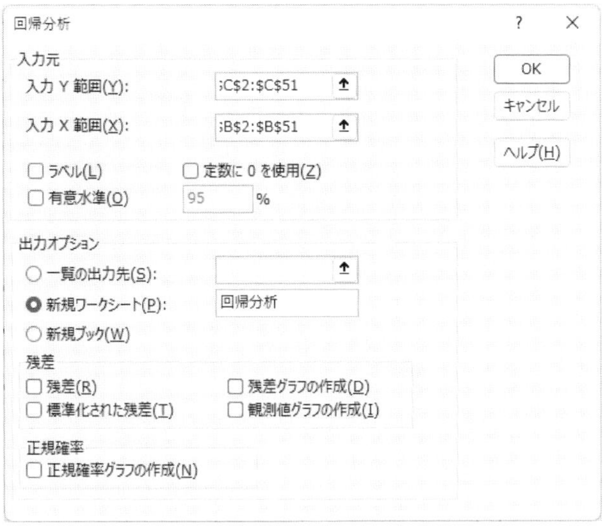

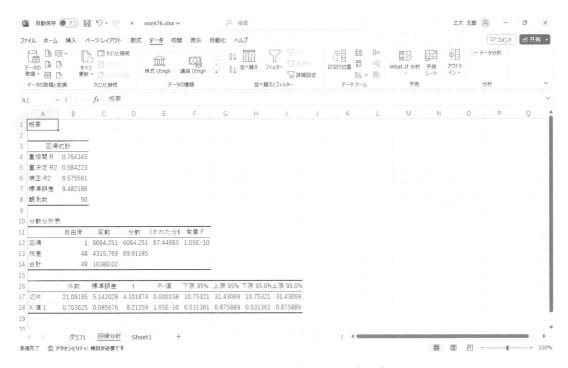

図 7.42　回帰分析のダイアログ

　以上の処理により、**図 7.43** のような回帰分析のシートが作成されます。相関係数および回帰式の傾きと切片が、図 7.33 の結果と同じになっていることを確認しましょう。シート上の重相関 R の値が相関係数に相当し、「切片」の係数の値および「X 値 1」の係数の値が、回帰式の切片および傾きに相当しています。ここまでを work77.xlsx として保存しておきましょう。

図 7.43　分析ツールを使用した回帰分析

7.9 課題7a

インターネットを使って、都道府県別の人口と GDP を調べて Excel にまとめなさい。ここでは、人口が多い順番に都道府県名を並べるものとします。ただし、統計年は問わないものとします。また、人口と GDP の平均値を計算してみましょう。そして GDP が平均値を下回っている都道府県名と値を、それぞれ赤色で表示させます。この都道府県名の設定には、図7.10 のその他のルールを選択して、新しい書式ルールの設定のダイアログで「数式を使用して、書式設定するセルを決定」というルールを利用します。

完成したら work78.xlsx として保存しましょう。

7.10 課題7b

表 7.2 は 2003 年度における研究機関別の研究者数と研究費を、総務省統計局が調査した結果です[A-2]。これを元に、研究者数と研究費の相関関係について調べてみましょう。次の各項目にしたがって分析をしなさい。

① 研究者数、研究費、1 人当たりの研究費の平均と標準偏差をそれぞれ計算し、**表 7.3** を完成させなさい。

② 研究者数と研究費との相関係数を求め、さらに回帰式の傾きとその切片を計算し、**表 7.4** を完成させなさい。

③ 研究者数と研究費の関係を散布図で描きなさい。

④ ③の散布図に回帰直線を挿入して、**図 7.44** のようなグラフを作成しなさい。

以上の成果を work79.xlsx として保存します。さらに、表 7.3 と表 7.4 および図 7.44 を Word の文書に貼り付けて work79.docx として保存し、印刷してみましょう。

ところで、表の体裁は p.116 の表 6.2 で示されている通り、2 種類の太さの罫線で作成されます。しかし、Excel で作成した表を Word の文書に貼り付けて印刷すると、罫線の太さがうまく再現されないときがあります。この時は、Excel で作成した表のすぐ上のセル 1 行の「行の高さ」を 2 に設定し、その行を含めて表をコピーして、Word の文書に貼り付けると罫線の太さがうまく再現されるようになります。試してみましょう。

表 7.2　研究主体別研究活動の状況

研究機関	研究者数(人)	研究費(億円)
農林水産業	166	40
鉱業	442	164
建設業	6,089	1,346
食品工業	11,360	2,503
繊維工業	2,547	512
パルプ・紙工業	2,573	536
印刷業	1,421	358
医薬品工業	21,676	9,657
化学工業	39,642	8,686
石油・石炭製品工業	1,254	395
プラスチック製品工業	4,785	1,078
ゴム製品工業	5,907	1,570
窯業	6,287	1,460
鉄鋼業	4,204	1,297
非鉄金属工業	5,838	1,458
金属製品工業	5,478	783
機械工業	40,792	9,392
電気機械器具工業	40,629	9,400
電気部品・デバイス工業	31,688	6,360
輸送用機械工業	45,747	17,379
精密機械工業	18,455	4,529
その他の工業	6,827	1,128
電気・ガス・熱供給・水道業	2,138	831
情報通信業	20,107	6,656
運送業	629	276
卸売業	3,287	489
金融・保険業	164	34
サービス業	14,201	5,120
情報通信機械器具工業	86,862	22,331

表 7.3　平均と標準偏差

	研究者数(人)	研究費(億円)	研究機関毎の一人あたりの研究費(万円/人)
平均			
標準偏差			

表 7.4　研究者数と研究費の相関および回帰式の定数

相関関数	
回帰式の傾き	
回帰式の切片	

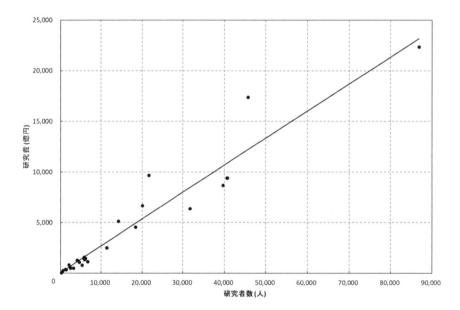

図 7.44　研究者数と研究費の相関図

第8章　習熟効果の測定

8.1　はじめに

　今までの演習によって、Excel でデータを分析し Word を使ってその成果をまとめるために、必要な最低限の能力が身に付いたと思います。すなわち、第1章で定義した水準2にほぼ到達したと考えられます。そこで、いよいよレポートを作成してみましょう。この演習を通じて、必要な図表等を自分で設計し作成してみると同時に、レポートや科学技術論文を執筆するために必要な知識を身に付けましょう。これができるようになれば、水準3に到達したことになります。最初は、どのようにレポートを書けばよいか見当もつかないかもしれませんが、繰り返しレポートを作成しているうちに、うまく、しかも効率よく書けるようになり、水準4に到達することになります。

　今回は、習熟効果をテーマにして実験レポートを作成してみます。すなわち、習熟効果を測定してその結果をまとめるのです。そのために、本章では次の項目について解説します。

　① 習熟効果の定義とその特徴
　② 実験の準備と方法
　③ データの整理

8.2　習熟効果の概要

8.2.1　習熟効果の定義

　習熟とは JIS Z8141-5510 によれば、「同じ作業を何回も繰り返すことによって、作業に対する慣れ、動作や作業方法の改善によって次第に作業時間が減少していく現象」と定義されています[A-3]。すなわち、人間は同じ作業を繰り返し行えば、より短い時間でその作業を完了できるようになります。最初は不慣れなために時間がかかりますが、作業に慣れてくれば、早くできるようになる経験は誰にでもありますよね。生産に関する分野で使用される以外に、心理学等の分野でも扱われています。

　この習熟効果は、最初は大きな効果が得られ、回数を重ねるうちに作業時間の減少量は小さくなっていきます。逆に考えると、作業時間の減少がほとんどなくなった状態を十分に習熟したということができます。また作業時間の減少量には、数学的な特色があります。これは、習熟曲線を作成すると明らかになります。

8.2.2　習熟曲線の特徴

　習熟曲線は前述の JIS Z8141-5510 に備考として、「横軸に作業の繰り返し回数、縦軸に作業時間をとり、作業時間の減少を表した曲線を習熟曲線（learning curve）という。対数線形習熟モデルで習熟曲線を両対数グラフに表すと直線になって、その直線のこう配を習熟係数

という。」と記述されています[A-3]。

　これでは少しわかりにくいので、具体例を示して説明しましょう。定義に記述されている習熟係数は対数での傾きを指していますので、ここでは習熟率を使って考えます。習熟率と習熟係数の関係は、**表8.1** で表されます。例えば習熟係数 0.152 は、習熟率 90% に相当することが表 8.1 からわかります。ここでは、この習熟率 90% を元にして解説します。

表 8.1　習熟係数と習熟率の関係

習熟率 (%)	習熟係数	習熟率 (%)	習熟係数
80	0.322	88	0.184
81	0.304	89	0.168
82	0.286	90	0.152
83	0.269	91	0.136
84	0.252	92	0.120
85	0.234	93	0.105
86	0.218	94	0.089
87	0.201	95	0.075

　表 8.2 は習熟率 90% となる作業時間の変化の例です。表中の個別作業時間とは、ある繰り返し回数の時に必要とした作業時間のことを指します。これに対して平均作業時間とは、その回数までの作業時間の平均を示しています。3回目の平均作業時間は、3回分の個別作業時間の平均値として計算されています。実際に確認してみてください。

　ここで、試行回数 1, 2, 4, 8, 16 の時の平均作業時間に着目してみます。それぞれ100.00, 90.00, 81.00, 72.90, 65.61 になっています。すなわち試行回数が2倍になれば、作業時間は 0.9 倍になっています。習熟率 90% とは、このように作業時間が減少することを示しています。

表 8.2　個別作業時間と平均作業時間の関係(習熟率 90% の例)

回数	個別作業時間	平均作業時間	回数	個別作業時間	平均作業時間
1	100.000	100.000	9	61.258	71.606
2	80.000	90.000	10	60.230	70.469
3	73.862	84.621	11	59.321	69.455
4	70.138	81.000	12	58.505	68.543
5	67.493	78.299	13	57.767	67.714
6	65.458	76.159	14	57.095	66.955
7	63.812	74.395	15	56.478	66.257
8	62.437	72.900	16	55.908	65.610

　さらに、この現象をグラフにして考えてみましょう。**図 8.1** のように横軸に試行回数、縦軸に平均作業時間をとり、プロットしたものを習熟曲線と呼んでいます。この習熟曲線の特徴は、**図 8.2** のように両軸を対数で表現すると右下がりの直線になるのです。試行回数が倍増するのに伴って平均作業時間が一定の割合で減少するので、このようなグラフになります。

　ここで注意しなくてはならないのは、習熟曲線は平均作業時間であるということです。図8.2 を確認すれば、個別作業時間ではなく平均作業時間の方が、右下がりの直線になっていることがわかります。

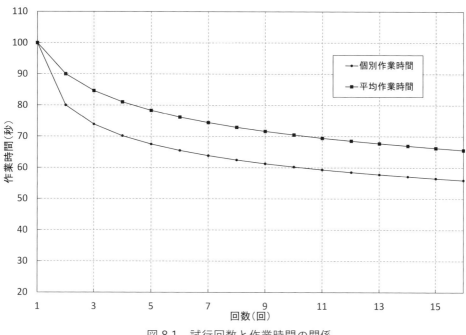

図 8.1　試行回数と作業時間の関係

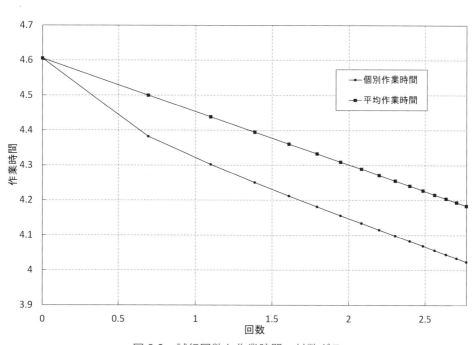

図 8.2　試行回数と作業時間の対数グラフ

8.2.3 習熟効果の用途

　習熟効果は生産管理において工数の見積もり、生産計画、原価見積もり等の様々な用途に利用されています[A-4]。作業に要した時間は加工賃となり原価の一部ですから、それを計算することは重要なのです。また生産管理では工数という表現をよく使いますが、これは一般に延べ作業時間を指しています。習熟の効果は個人の作業だけでなく、グループ等で作業を行う場合にも見られます[A-5]。

8.3 習熟効果の実験

8.3.1 実験の目的

　数人の被験者に対して、習熟効果を実際に測定してみます。その結果を分析して考察することにより、習熟効果の特性を明確にします。実験から得られたデータは理論通りにはなりませんし、複数人のデータを比較することで個人差等についても検証することができます。このように分析と考察を通じて、習熟効果に対する理解を深めることを目的とします。

8.3.2 実験の準備

　習熟効果を測定するには、実験の対象となる作業を決めなくてはなりません。ここでは、アルファベットを記述する作業を対象とします。これだと簡単に実験ができますね。それでは、今回の実験に必要な次のものを用意しましょう。

① 筆記用具
② 時計
③ 実験に使う用紙

　ただし時計については、1/100 分単位で測定できるデシマルウォッチが理想的ですが、秒針が付いている時計であれば問題ありません。実験用の用紙としては、A3 に**表 8.3**のような表を Excel で作成し印刷します。

　余白等の設定は、**図 8.3** のように設定すると、ページの中央に配置されます。また行の高さや列の幅等については、**図 8.4** を参照するとよいでしょう。作成が完了すれば、work81.xlsx として保存しておきましょう。

　この用紙に、アルファベット 26 字を 180 度回転させた図形を記述するのに要する作業時間を測定します。また利き手とは反対の手で筆記用具を使用するものとします。図形

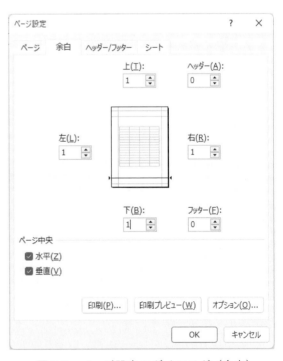

図 8.3　ページ設定のダイアログ（余白）

を考えながら書くことが目的ではないので、サンプルの欄に見本を書いておきます。用意した用紙を上下さかさまにして、サンプルの欄にアルファベットを大きめに記入しておきます。そして元に戻せば、**図 8.5** のようになっているはずです。

表 8.3　実験で使用する表の例

	A	B	C	D	E	F	G	H	I	J	K	L	M	N	O	P	Q	R	S	T	U	V	W	X	Y	Z	時間
サンプル																											
1																											
2																											
3																											
4																											
5																											
6																											
7																											
8																											
9																											
10																											
11																											
12																											
13																											
14																											
15																											
16																											
17																											
18																											
19																											
20																											
21																											
22																											
23																											
24																											
25																											

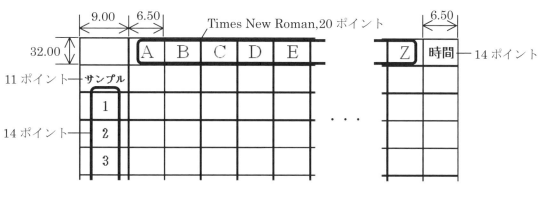

図 8.4　セルの書式

これで、準備は整いましたので実験を開始しましょう。

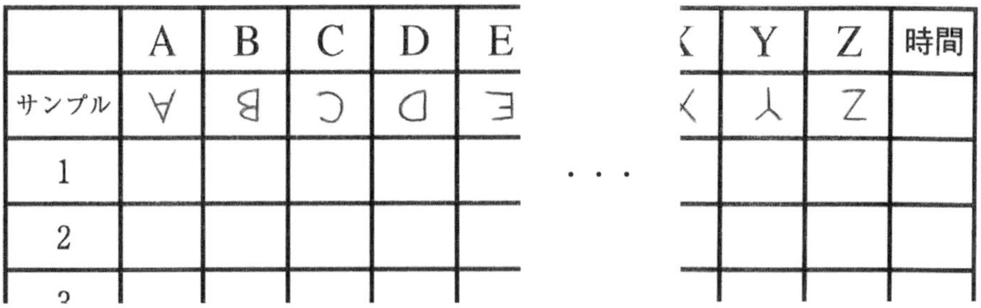

図 8.5 アルファベットを回転させた図形

8.3.3 実験の実施

　この実験は、1人でもできます。しかし、複数人分のデータがあれば、比較、検討することができます。そこで、数人で1つのグループを作って実験する方がよいでしょう。また2人1組であれば、被験者と測定者に役割を分担することができますので、被験者は作業に集中できるでしょう。そして、それぞれの人が、決められた作業を決められた回数だけ実施して、各個人ごとの結果を記録します。多くのデータがある方が、いろいろと比較、分析できるので理想的です。しかし、データが増えると分析に時間がかかります。今回は、演習ですから4名程度の実験データが集まれば、十分だと考えられます。

　実際には、次の手順で1人ずつ実施します。

① 被験者は測定者の合図により、アルファベットを 180 度回転させた図形を表 8.3 に順次記入していきます。

② 記入に際しては、1つ上に記述されている図形を見本にして描きます。

③ 1行目ではサンプルを見本にして記述し、2行目では1行目を見本にします。

④ 1行 26 文字分を記入するのに要した時間を、測定者が他の用紙に記録しておきます。

⑤ 時間の単位は秒を用います。

⑥ 被験者は連続で 25 回繰り返して作業します。

⑦ 以上の作業が完了すれば、25 回分の作業時間を表 8.3 にある時間の欄に記入します。

⑧ 被験者と測定者が交代して、それぞれが作業をします。

　実験の手順は上に示した通りで、非常に簡単です。しかし簡単な実験であるために、いくつかの注意事項があります。これを守らないと期待する成果が得られない可能性がありますので、十分注意しましょう。

① 実験中に休憩を入れると習熟が退化する恐れがありますので、必ず連続して実施します。

② ただし、1行分を記入した時点で規則的に 5〜10 秒程度の休憩はよいと思われます。

③ 文字の品質が異なれば作業の種類が異なることになってしまうので、同じ品質の文字を記述するように心がけてください。

④ 大きめの文字で丁寧に描くことがよいかと思われます。

⑤ 意図的に作業時間をコントロールするようなことは、習熟効果を測定するうえで逆効果になります。

⑥ 2組以上で実験する場合には、最初に手順を全員で確認しておきましょう。

8.4 実験結果の記録

実験が終了すれば、その結果を Excel に記録して次章以降での分析に使用します。今回は4人分の実験結果を Excel にまとめる必要があります。そこで、Excel のファイルを OneDrive 上に共有することで、それぞれの実験結果を各自で入力しましょう。まず、グループの中の1名が**図 8.6** のようなワークシートを作成して、work82.xlsx として保存します。そして、第4章で説明した Outlook on the web にログインします。さらに、**図 8.7** のように左上の ::: をクリックして「OneDrive」を選択します。その後、先程作成した work82.xlsx を OneDrive の右側部分にドラッグアンドドロップします。これにより、OneDrive にファイルをアップロードでき、**図 8.8** のように表示されます。

ファイルが OneDrive に保存されたので、次は共有の設定です。すなわち、このファイルを編集できるユーザーを設定します。図 8.8 に表示されている work82.xlsx をクリックします。これにより、**図 8.9** のように「Excel Online」が起動します。ここで、図 8.9 の右上にある ⊡共有∨ をクリックして**図 8.10** を表示します。

図 8.6　実験結果をまとめるワークシート

図 8.7　OneDrive の選択

図 8.8　ファイルのアップロード

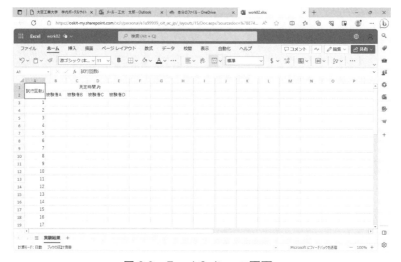

図 8.9　Excel Online の画面

171

それでは、図 8.10 の共有の設定を使って、自分以外の 3 人のメンバーを登録しましょう。図中の「名前、グループ、またはメールを追加する」の箇所にメンバーのメールアドレスを順番に入力していきます。入力が完了すれば、表示されているユーザー名をよく確認したうえで「送信」ボタンをクリックします。送信が完了すれば、**図 8.11** のような画面が表示されます。これで、共有の設定は完了です。

図 8.10 共有の設定画面 図 8.11 送信完了の画面

登録されたユーザーには、ファイルが共有されたことを告げるメールが届きます。そのメールから共有されたファイルを開くことができますが、ここでは別の方法でアクセスしてみましょう。まず、Outlook on the web にログインして、図 8.7 のように OneDrive を選択します。そして、左側の「共有済み」の項目をクリックすれば、**図 8.12** のように表示されます。

図 8.12 共有ファイルの確認

ここで、work82.xlsx をクリックすれば Excel Online が起動して編集可能になるので、各自の実験結果をそれぞれが入力します。複数のユーザーが同時に編集することが可能で、編集結果は直ちに反映されます。そのため、入力中に違和感を覚えるかもしれません。また、編集の結果は、直ちに上書き保存されます。4 人の入力が完了すれば、**図 8.13** のようになります。各人の作業時間 p_i がほぼ単調に減少していることを確認しておきましょう。

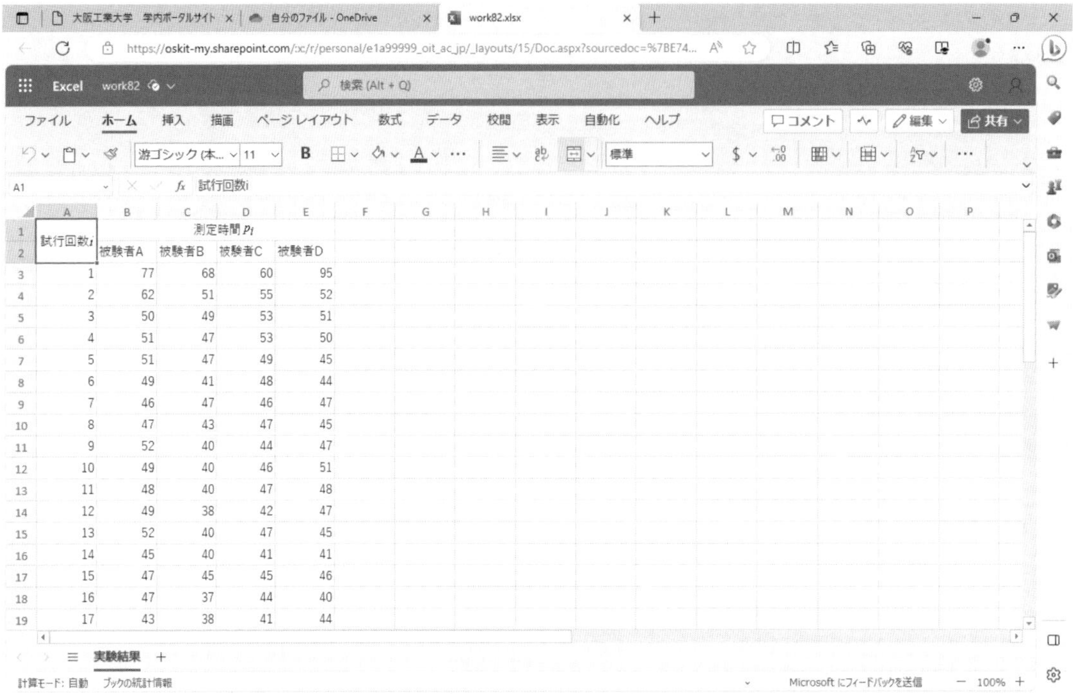

試行回数 i	測定時間 p_i			
	被験者A	被験者B	被験者C	被験者D
1	77	68	60	95
2	62	51	55	52
3	50	49	53	51
4	51	47	53	50
5	51	47	49	45
6	49	41	48	44
7	46	47	46	47
8	47	43	47	45
9	52	40	44	47
10	49	40	46	51
11	48	40	47	48
12	49	38	42	47
13	52	40	47	45
14	45	40	41	41
15	47	45	45	46
16	47	37	44	40
17	43	38	41	44

図 8.13　実験結果

共有ファイルの入力が完了すれば、各自の課題フォルダーにダウンロードします。ファイルタブをクリックして、「名前を付けて保存－コピーのダウンロード」を選択します。そして、lec08 のフォルダーにダウンロードしておきましょう。

さて、今回使用した OneDrive は、インターネット上に提供されている外部記憶装置の 1 つです。このようにインターネットでソフトや外部記憶装置が提供されている形態を**クラウド**と呼んでいます。本章で使用した Excel Online や第 4 章で使用した Outlook on the web もクラウドです。インターネットを使ってクラウドについて詳しく調べておきましょう。

8.5　課題8a

4 人分の実験結果を散布図に描いてみましょう。実験結果をまとめた work82.xlsx を使って、試行回数と測定時間の関係を表したグラフを作成します。グラフができれば work83.xlsx として保存します。

8.6 課題8b

　習熟効果について、書籍やインターネットを使って調べておきましょう。実際にいくつかの文献に目を通しておくことが必要です。

8.7 課題8c

　次回は、今日測定したデータを元にレポートの作成にかかります。そこで、学術論文等を読んで、章の構成や体裁等について確認しておきましょう。もちろん、論文の内容についてはわからなくてもかまいません。図書館に行けば、いくつかの論文誌が置いてあるはずです。

第9章　実験レポートの作成

9.1　はじめに

　学術論文や実験レポートは、研究の成果や実験の記録をまとめたものであり、第三者に対して客観的に事実を伝えることを目的としています。執筆要領が決められている場合には、それを遵守することは説明するまでもありません。そして、相手に誤解を与えることなく、かつ読みやすいように作成することが基本です。

　今回は、このような観点から演習を行います。できれば一度、図書館へ行って論文誌をさっと読んでおいた方がよいでしょう。そして学術論文がどのように記述されているかを確認しておきましょう。また、文章や図表の書き方についても適当な図書を調べておく方がよいでしょう。ここでは次の内容について学習し、前回の実験をもとにして実際にレポートを執筆してみましょう。

　　① レポートや論文における章の構成法
　　② 実験の分析方法
　　③ 各章での執筆内容

9.2　章の構成

　学術論文や実験レポートの体裁上の特徴は、章構成がなされていることにあります。執筆者の主張が、明確に伝わるような章構成にすることが重要です。ここでは、今回の実験をもとにして、一般的なレポートの構成について解説します。

(1) はじめに

　レポートや論文の書き出しの章です。「緒論」や「緒言」といった見出しにする場合もあります。この章では、①すでにわかっていること、②問題意識や課題、③実験の目的、④論理展開の方法等を記述します。また他の論文等の成果や主張を用いて、レポートや論文の位置付けを明確にします。

(2) 実験の方法とその実施

　実験の環境や手順およびその実施等について記述します。

(3) 実験結果とその分析

　実験から得られた結果や分析した結果を整理して記述します。

(4) 考察

　レポートの要となる章です。実験とその分析を通じて、どのような知見が得られたのかを詳細に記述します。得られた知見や成果については、表やグラフ等をもとにして、明確な根拠を示すことが必要です。

（5） おわりに

　書き出しの「はじめに」で示された目的に対する成果を記述します。実験とその分析により得られた知見や成果を簡潔に述べます。章の見出しとしては、最初に「緒論」を使用していれば「結論」を対応させます。「緒言」に対しては、「結言」を使用します。ここでは、主に考察によって明らかになった内容を、箇条書き等の方法を使って述べるのがよいでしょう。

（6） 参考文献

　参考にした図書や論文等の文献を記述します。

　さらに、各章の間には**図 9.1** に示される通り密接な繋がりが必要です。1．で示された問題点に対して、5．にその答えが記述されます。そのために、レポートの内容は、1．と5．を読めばその全体像がわかるようになっています。また、5．に記述されている結論は、4．にその根拠が示されています。したがって、4．を読めば、その理由が表やグラフを使用して詳細に記されています。さらに、2．や3．において前提となる条件等が示されることになります。

　レポート自身は1．〜5．の順に論理展開がなされ、起承転結の形式になっています。しかし、前述のような読み方をしても理解できるようになっているはずです。さらに参考文献は、レポートや論文の位置付けを明確にするために、1．でよく引用されます。当然、2．〜4．でも必要に応じて引用します。すなわち、モデルの前提条件や実験方法、分析方法等で参考にしたものがあれば参考文献に記述します。

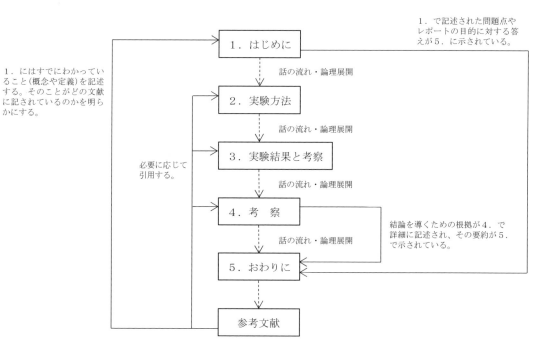

図 9.1　各章の関係

それでは今回の場合、各章でどのような内容を記述すればよいかについて解説します。あくまで参考であって、他の方法もありますので各自で十分に工夫してください。また、1.から順に記述するのではなく、3.と4.から作成する方が執筆しやすいと考えられますので、その順に作成していきましょう。

9.3 分析の方法

9.3.1 分析の目的

実験により得られたデータには、ばらつきがあるものです。そこで、次の手順にしたがって処理を行い、理論的な習熟曲線を作成しましょう。習熟曲線は、両対数をとることにより一次式で表現できるので、この性質を利用します。実際の計算は Excel を使って計算させます。相関係数や回帰分析については、関係する図書を読んでみた方がよいでしょう。

9.3.2 シートの準備

前回作成した work82.xlsx を開きます。そして**図 9.2** のように、被験者Aの試行回数と測定時間の表を作成します。このシートのデータは、実験結果のシートからコピーすればよいでしょう。またシート名は被験者Aとします。ここまでを work91.xlsx として保存しましょう。

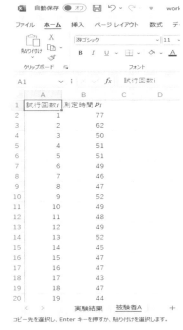

図 9.2 シートの準備

9.3.3 分析の手順

それでは、次の手順にしたがって分析を進めてみましょう。

(1) 平均作業時間の計算

実験結果である試行回数 i の作業時間 p_i から、i 番目までの平均作業時間 t_i を計算します。**図 9.3** のように列 C を使って計算しましょう。平均作業時間 t_i は次式で計算されますが、ここでは図のように、数式バーで表示されるセルの絶対参照をうまく利用します。

$$t_i = \frac{\sum_{n=1}^{i} p_n}{i} \tag{9.1}$$

(2) 平均作業時間の対数

試行回数 i の対数 x_i と平均作業時間 t_i の対数 y_i を、それぞれ計算します。式(9.2)および式(9.3)に示される通り、底は自然対数とします。そこで**図 9.4** のように、関数「LN()」を使って列 D と列 E に計算します。

$$x_i = \log_e i \tag{9.2}$$

$$y_i = \log_e t_i \tag{9.3}$$

図 9.3　平均作業時間 t_i 　　　　　　　　図 9.4　対数の計算

（3）相関係数

　今、計算した x_i と y_i の間にどの程度の直線関係があるかを調べるために、相関係数 r を算出します。ここでは、セル C28 に「相関係数 r」と入力し、セル C29 に「=CORREL(D2:D26,E2:E26)」を入力すれば、x_i と y_i の相関係数が計算されます。

　この相関係数 r の値が－1 に近いほど、右下がりの直線に近いことを示しています。これから平均作業時間を元に習熟曲線を作成しますが、相関係数は習熟曲線の精度に関係することになります。なお、相関係数は次式で計算されます。

$$r = \frac{\sum_{i=1}^{25}(x_i-\bar{x})(y_i-\bar{y})}{\sqrt{\sum_{i=1}^{25}(x_i-\bar{x})^2}\sqrt{\sum_{i=1}^{25}(y_i-\bar{y})^2}} \tag{9.4}$$

（4）回帰式

　相関係数を算出したことにより、x_i と y_i の間には負の相関があることが確認されました。そこで、回帰式を計算します。すなわち、回帰直線の傾き a と切片 b を算出します。傾き a は、**図 9.5** のように関数「SLOPE()」を使ってセル D29 に計算し、切片 b は**図 9.6** のように関数「INTERCEPT()」を使ってセル E29 に算出します。両関数とも 2 つの引数を必要としますが、セル E が前に指定されて、セル D は後に指定されることに注意しましょう。セル E のデータを先に選択し、列 D のデータを後に選択することになります。

　なお、回帰直線の傾き a と切片 b は、次式で表されます。

$$a = \frac{\sum_{i=1}^{25}(x_i \cdot y_i) - \frac{\sum_{i=1}^{25}x_i \cdot \sum_{i=1}^{25}y_i}{25}}{\sum_{i=1}^{25}x_i^2 - \frac{\left(\sum_{i=1}^{25}x_i\right)^2}{25}} \tag{9.5}$$

$$b = \frac{\sum_{i=1}^{25}y_i - a\sum_{i=1}^{25}x_i}{25} \tag{9.6}$$

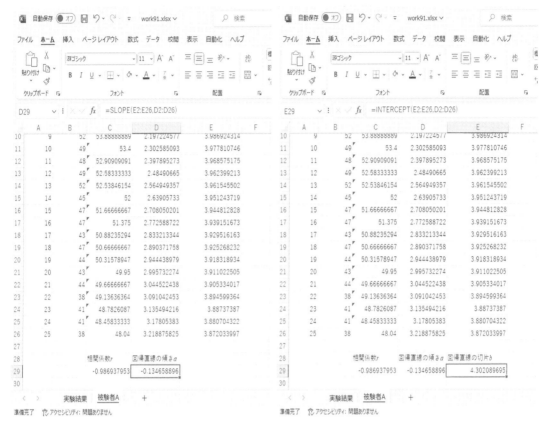

図 9.5　回帰直線の傾き a 　　　　図 9.6　回帰直線の切片 b

（5）平均作業時間の対数の理論値

　回帰式から算出された結果を理論値と呼ぶことにします。各記号に"^"を付けて表記します。この記号は、「ハット」と読みます。ここでは、平均作業時間の対数の理論値となる $\hat{y}_i$ を計算します。この $\hat{y}_i$ は次式で計算できます。

$$\hat{y}_i = a \cdot x_i + b \tag{9.7}$$

　それでは式(9.7)を使って、列 F に $\hat{y}_i$ を計算させてみましょう。**図 9.7** の数式バーのように絶対参照を使って、うまく処理をしましょう。

（6）平均作業時間の理論値

　平均作業時間の対数の理論値 $\hat{y}_i$ が計算できましたので、次に平均作業時間の理論値 $\hat{t}_i$ を計算しましょう。この $\hat{t}_i$ は次式で計算できます。

$$\hat{t}_i = e^{\hat{y}_i} \tag{9.8}$$

　ここでは**図 9.8** のように関数「EXP()」を使い、列 G に平均作業時間の理論値 $\hat{t}_i$ を計算させましょう。

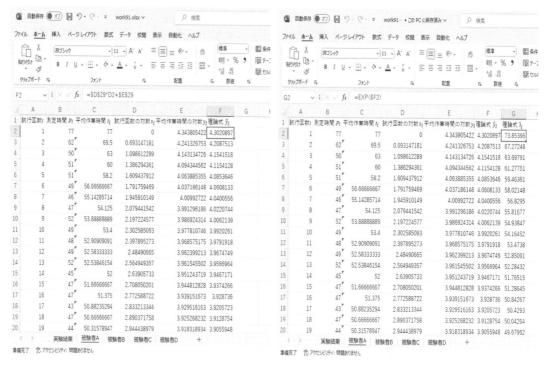

図 9.7　平均作業時間の対数の理論値 $\hat{y}_i$　　　　図 9.8　理論値 $\hat{t}_i$ の計算

（7）習熟係数と習熟率

習熟係数 α は回帰直線の傾き a の絶対値を指しています。そこで**図 9.9** のようにセル F29 に α の値を計算させましょう。

さらに、この習熟係数 α から習熟率 β を次式で計算します。

$$\beta = \frac{1}{2^\alpha} \tag{9.9}$$

この式(9.9)を使って、**図 9.10** のように示される通り、習熟率 β をセル G29 に計算しておきましょう。

（8）他の被験者のデータ分析

他の被験者のデータに対しても、同じ分析を行う必要があります。しかし、すでに分析過程は「被験者 A」のシートに確立されています。したがって、これを利用しましょう。第6章で解説したシートの複写機能を使って「被験者 A」のシートを複写し、シート名を「被験者 B」に変更すればよいのです。これを繰り返して、**図 9.11** のように「被験者 B」、「被験者 C」、および「被験者 D」のシートを順次作成します。そして各シートのセル B2 から B26 までの各セルの値を、各被験者のデータに変更すればよいのです。各被験者のデータは、「実験結果」のシートからそれぞれ複写して使用します。ここまでを、work91.xlsx に上書き保存しましょう。

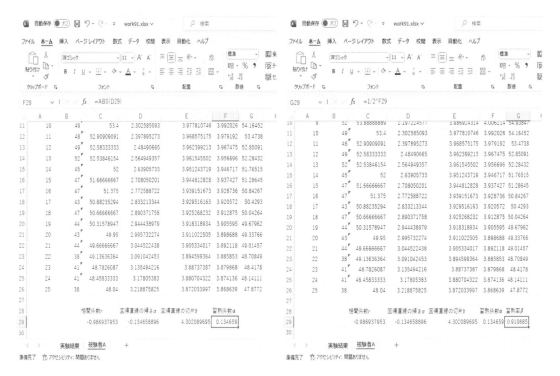

図 9.9　習熟係数 α の算出　　　　　　図 9.10　習熟率 β の算出

図 9.11　各被験者の分析シートの作成

9.3.4 散布図の作成

実験で得られた平均作業時間が、習熟曲線に近いかどうかを調べるために、相関係数を算出しました。そして、分析を通じて理論的な習熟曲線を得ることができました。また習熟係数と習熟率についても計算しました。そこで得られた習熟曲線の特徴を調べるために、散布図を作成してみましょう。

（1）グラフ用のデータ整理

散布図を作成するにあたって、平均作業時間の対数と平均作業時間をまとめたシートを作成します。**図 9.12** や**図 9.13** のように、各被験者の理論値と実験値をまとめます。ここでは必要なデータをコピーして、「貼り付け－値の貼り付け」を選択します。

これらのシートから、散布図を作成して習熟曲線の特徴を考察してみましょう。

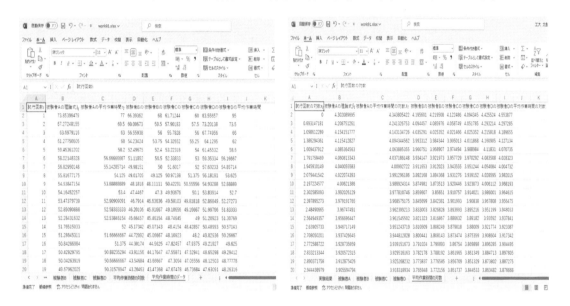

図 9.12　平均作業時間の対数のデータ　　　図 9.13　平均作業時間のデータ

（2）対数の散布図作成

実験データ y_i と理論値 $\hat{y}_i$ を併記した**図 9.14** のような散布図を作成しましょう。この際に回帰式は直線で表してかまいませんが、実験データの方は点で表現します。実験データには、間の値が存在しないためです。散布図が完成したら、各被験者の理論値と実験値の乖離を確認しておきましょう。

（3）習熟曲線の完成

さらに**図 9.15** のように、試行回数 i に対する平均作業時間 t_i およびその理論値 $\hat{t}_i$ の散布図を作成しましょう。習熟曲線の散布図が完成したら、先程と同じように理論値と実験値の乖離を確認します。分析の手順や Excel の操作方法を誤ったために、おかしなグラフになっていることがありますから、散布図をよく見て特異な点がないか等をよく確認してください。グラフは、誤りに気づくための手段でもあります。

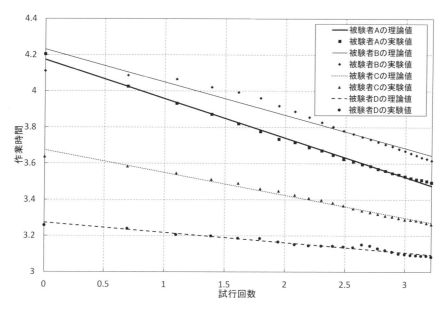

図 9.14　平均作業時間の対数グラフ

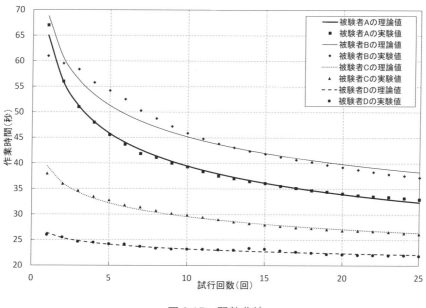

図 9.15　習熟曲線

　今回の分析手順にもあるように、まずグラフを作成してみることが重要です。グラフを見れば、ある程度の傾向等がつかめるからです。また他の人に説明するときにも、グラフを提示すれば相手が理解しやすくなります。

　完成した Excel のファイル名を work92.xlsx として保存しておきましょう。

9.4 各章で記述する内容

　分析を一通り終えたので、実験レポートの執筆に移りましょう。各章の構成についてはすでに述べましたが、具体的にどのようなことを記述すればよいかについて解説します。執筆にあたっては章の順番ではなく、次の順序で執筆する方が容易だと考えられます。

(1)「実験方法」の章

　ここでは、実験の方法論や注意点について記述します。実験の方法については、すでに第8章で述べた通りです。できるだけ丁寧に実験の手順等を書きましょう。レポートを読んだ第3者が、実験を再現できるように記述しましょう。さらに実験に使用した設備や装置についても明確にしておきます。

(2)「実験結果とその分析」の章

　まずは、実験で得られた結果を表にまとめます。**表** 9.1 のように各被験者の測定時間をまとめて、1つの表にします。

表 9.1　各被験者の測定時間

試行回数 i	測定時間 p_i			
	被験者A	被験者B	被験者C	被験者D
1	67	61	38	26
2	45	58	34	25
3	41	56	32	23
4	39	48	30	24
5	36	48	30	23
6	34	44	27	24
7	31	37	29	21
8	36	38	26	21
9	31	35	26	22
10	33	34	27	23
11	29	34	25	23
12	28	33	24	22
13	31	34	23	22
14	29	33	24	28
15	31	34	24	21
16	27	32	24	18
17	29	32	23	19
18	27	33	25	19
19	30	29	23	18
20	27	31	23	21
21	27	29	26	20
22	29	29	25	21
23	31	28	23	21
24	28	31	21	22
25	27	29	22	19

次に、分析の方法を詳細に述べて、その結果を順番に示していきます。具体的な分析方法については、9.3 節で解説した通りです。執筆にあたっては、Excel での手順は記述せずに数式や表、グラフ等をうまく使ってわかりやすく説明します。各被験者の分析結果を**表 9.2** から**表 9.4** のようにまとめて、それぞれ適切な箇所に挿入しておきます。

<table>
<tr><td colspan="2">表 9.2　相関係数</td></tr>
<tr><th>被験者</th><th>相関係数r</th></tr>
<tr><td>A</td><td>-0.998</td></tr>
<tr><td>B</td><td>-0.973</td></tr>
<tr><td>C</td><td>-0.994</td></tr>
<tr><td>D</td><td>-0.977</td></tr>
</table>

<table>
<tr><td colspan="3">表 9.3　回帰式の傾きと切片</td></tr>
<tr><th>被験者</th><th>傾きa</th><th>切片b</th></tr>
<tr><td>A</td><td>-0.217</td><td>4.175</td></tr>
<tr><td>B</td><td>-0.183</td><td>4.232</td></tr>
<tr><td>C</td><td>-0.125</td><td>3.674</td></tr>
<tr><td>D</td><td>-0.055</td><td>3.273</td></tr>
</table>

<table>
<tr><td colspan="3">表 9.4　習熟係数と習熟率</td></tr>
<tr><th>被験者</th><th>習熟係数α</th><th>習熟率β</th></tr>
<tr><td>A</td><td>0.217</td><td>0.860</td></tr>
<tr><td>B</td><td>0.183</td><td>0.881</td></tr>
<tr><td>C</td><td>0.125</td><td>0.917</td></tr>
<tr><td>D</td><td>0.055</td><td>0.962</td></tr>
</table>

また、分析手順を記述するには、理論値を示すための記号"^"が必要となります。これは**図 9.16** のように数式ツールの構造グループを使って作成します。これは、43 ページの図 3.6 で説明した数式ツールの「構造」の「アクセント」から、図 9.16 のように選択して使用します。

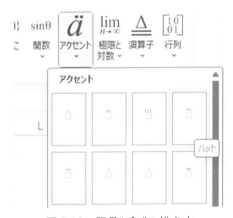

図 9.16　記号"＾"の描き方

(3)「考察」の章

考察はレポートの要です。レポートの価値や評価は、ここで決まるといっても過言ではないでしょう。実験とその分析結果から何がわかるのかを明確に記述します。執筆者の主観や実験の感想等は、書くべきではありません。明確な根拠に基づく客観的な事実から、わかったことだけを述べるのです。すなわち、分析を通じて得られた表やグラフからわかることを、いくつかの節に分けて記述すればよいでしょう。

今回の実験では、次のような内容について考察してみてはどうでしょうか。

① 実験結果の概要について

　実験結果の概要について、まとめてみましょう。

② 習熟効果と個人差について

　　習熟効果の表れ方は、個人ごとに差があるといえるのでしょうか。

③ 作業時間と習熟率の関係について

　　もともと作業時間の遅い人と早い人との間で、習熟率に顕著な差はないですか。

④ 実験の順番と習熟効果の関係について

　　今回は交代で被験者になっていますが、その順番によって何か特徴が表れてはいませんか。

⑤ 試行回数と理論値の精度について

　　実験結果に最も近い習熟曲線を分析により得ましたが、その精度に特徴はないでしょうか。例えば、試行回数の早い段階と後の段階で比較してみてはどうでしょうか。

⑥ その他

　　上記の①〜⑤以外にも、各自で考えてみましょう。

　ここで注意しておかなくてはならないのは、今回の場合、数値データである表やグラフをもとに、議論しなくてはならないということです。どのデータから各自の主張が明確になるかを述べていけば、少なくとも2〜3行程度で1つの考察が完了することはありえません。分析過程で作成した表やグラフだけでなく、必要であれば各自の主張を明確にできるものを用意する必要があります。また当然のことですが、①〜⑥について何も特徴がない場合には、特徴がないというような内容を書く必要はありません。

(4)「はじめに」の章

　今回のレポートにおいては、まずは習熟効果の概念や利用方法について記述します。さらに、文献等を通じて既にわかっていることを明確にしたうえで、今回の実験の目的や意義について明らかにします。このために、どの文献から引用されたのかを明記しておく必要があります。

(5)「おわりに」の章

　今回の結論は、2つの内容から構成すればよいでしょう。まずは、この実験やレポートを通じて各自が行ってきたことを簡単に述べます。そして、その結果明らかになったことを整理して記述します。ここでは、主に考察によって明らかになったことを箇条書きにするのがよいでしょう。また、「はじめに」で示された目的や問題点等に対する結果が示されていなくてはなりません。

(6)「参考文献」の付記

　参考にした文献等を記述します。また、本文中のどの部分で引用されたのかを明確にしておきます。Webから得た情報であっても記述する必要がありますが、できれば論文や書籍から引用する方が望ましいと考えられます。記述の形式は、学会等によって定められていますが、ここでは**図 9.17** のような形式で記述します。書籍の場合には、②のように著者名の後に「著」と付けるのが特徴です。

また、参考文献の見出しには、章や節等のように番号を付けないことに注意してください。すなわち、見出しとして参考文献とだけ記述します。

① 論文等の場合

[通し番号]著者名："論文の題目"，学会誌もしくは論文誌名，Vol.巻数，No.号数，p.p.開始ページ－終了ページ(発行年).

② 書籍の場合

[通し番号]著者名著：『本のタイトル』，出版社名，p.引用箇所のページ(発行年).

図 9.17　参考文献の書き方

9.5　執筆の注意

　レポートの執筆にあたっては、指定された体裁を遵守して記述することが不可欠です。学術論文の場合にはそれぞれの学会が指定している執筆細則等がありますし、実験レポートであれば担当者からの指定があるはずです。特に指定がない限り、次の内容は遵守すべきです。

　① A4 の用紙を用いる。

　② ページ番号を記入する。

　③ レポートのテーマを記す。

　④ 提出日を記述するとともに、締め切りを厳守する。

　⑤ 正確で客観的に記述する。

　⑥ 読みやすく誤解の少ない文書を作成する。

　⑦ 「ですます」調ではなく「である」調を使用する。

　⑧ 書き言葉を使用する。

　⑨ 図番とタイトルは図の下に記述し、表番とタイトルは表の上に記述します。

　学術論文の場合には、さらに内容の独創性が要求されます。ところで、初めての実験レポートを作成するような人は、特に次のような点に注意するといいでしょう。

（1）長い文は書かない

　あまり長い文を書くと、読み手からは何を主張しているのかわからなくなります。そこで、一文は 40～60 字以内をめどにする方がいいでしょう。

（2）主語と述語を確認する

　主語と述語が一致しない文は、意味がわかりません。主語らしきものが複数あるのに対して述語が 1 つしかなかったということもあります。これは特に長い文を書いたときに問題となることが多いようです。

（3）適当に段落をつくる

　段落を適切に設けることで読みやすくなります。しかし、1文だけで段落を構成したり、あまり多い字数で段落を設けたりしても意味がありません。200〜400字といった範囲でしょうか。

（4）接続詞をうまく使用する

　接続詞がうまく使われていると非常に読みやすい文章になります。

（5）図表を適切に利用する

　図表を掲載しただけで、何の説明もない場合があります。例えば、「〜を計算した結果は次の通りである。」のような記述だけの場合です。これでは、図表の見方やその図表から何がわかるのかが示されておらず、この図表の役割は自分で考えなさいということになります。使用した図表が適切に本文中で説明されているかを確認しましょう。

9.6　課題9

　今回示したレポートの書き方をもとにして、前回の実験の成果をまとめて提出しなさい。ただし、次の条件に従うものとします。

　　①　1ページは、40文字×35行とします。
　　②　文字の大きさは、12ポイントとします。
　　③　余白は、上20mm、下25mm、左右20mmとします。
　　④　フッターにページ番号を入れます。

　レポートを書き切ったら提出する前に、必ず自分で全体を読み返してみましょう。文章を推敲することが重要です。提出されたレポートを読んで、意味がわからない部分があるので提出者に直接たずねても、本人すらわからないケースもあります。完成したら提出の前にまずは自分で読み返してみることは不可欠です。

　完成したら work93.docx として保存しておきましょう。

第１０章　実験レポートの修正

10.1　はじめに

　前回は、指定された章構成のもとで実験レポートを執筆しました。執筆に際しては、自分なりに考えて工夫した点がいくつかあったと思います。まずは自分でやってみることが、何よりの学習といえます。そして、作成したレポートを読み返して加筆・修正することで理解が深まります。

　そこで今回は、筆者が過去にレポートを評価した経験から、初めて作成したレポートによく見受けられる問題点を、体裁と内容の２つの観点から解説します。自分のレポートとよく照らし合わせて、必要に応じて加筆、修正しましょう。まずは自分の力で挑戦し、それを修正することで飛躍的に学習効果が向上することが期待できます。

　今回解説する内容は、次の通りです。

① レポートによくみられる問題点

② 検索と置換

③ 目次の作成方法

10.2　体裁に関する問題点

10.2.1　全体の体裁に関するコメント

　レポート全体の体裁として、次のような問題点が指摘できます。

（１）執筆要領が与えられている場合は、それにしたがって作成します。

　レポートは、執筆要領を満たしていなくてはなりません。今回は、188 ページの課題９に指定されているページレイアウトを設定します。誤った編集のためにページによって異なる体裁になってしまっているレポートがあります。印刷してよく確認する必要があります。

（２）日本語は原稿用紙のようなマス目に１字ずつ記入することが原則になっています。

　図 10.1 の例を参考にして下さい。もちろん、マス目を印刷する必要はありません。原稿用紙には**図** 10.2 に示した通り、すべての節や段落を左詰めで記述します。白紙であっても、この原則を忘れてはいけません。Word は、自動的に字下げをする機能があるので注意が必要です。なお、この字下げのことを**インデント**と呼んでいます。

（３）箇条書きの時には、マス目のことを特に注意する。

　Word には箇条書きの機能があり便利です。しかしこの機能は**図** 10.3 に示した通り、マス目に合わせて記述するという原則にしたがっていません。

（４）レポートを最初から順番に読んでみて、意味が通じなくてはなりません。

　受け取ったレポートには、脈絡もなく何を説明しているのかを全く理解できないものがあります。レポートを作成した学生自身に聞いてみたところ、本人にもよくわからない様子でした。この現象は、レポートを執筆した後に読み返さない場合に発生します。

（5）文章の様式は、「である」調を使用します。

　文章の様式には、「である」調と「です・ます」調があります。レポートや論文では、「である」調を使用します。

（6）何の解説もない図表は問題です。

　レポートにおいては文章で説明がされ、図表はそれを補うために使われます。表だけが描かれているだけの節があったり、いきなり図が描かれたりしていることがあります。

（7）章や節において、いきなり箇条書きが始まるのも問題です。

　必ず、何について箇条書きにしているのかを、事前に説明する必要があります。

（8）段落は複数の文から構成されているのが原則です。

　1段落が1文で終わってはいけません。特に強調したい時には、この限りではありませんが、不用意な改行は避けるべきです。段落の作り方を調べてみましょう。

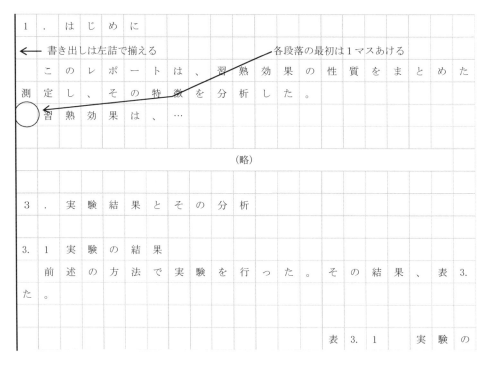

図10.1　原稿用紙のイメージ

10.2.2　数式に関するコメント

　今回のレポートでは、相関係数の計算式や回帰式等のために数式を使用しています。これらの数式については、次のような注意が必要です。

（1）数式には、必ず式番を記入します。

（2）数式の開始位置と式番の終了位置はタブで揃えます。

（3）変数や数式の書き方については、第3章で解説した通りです。

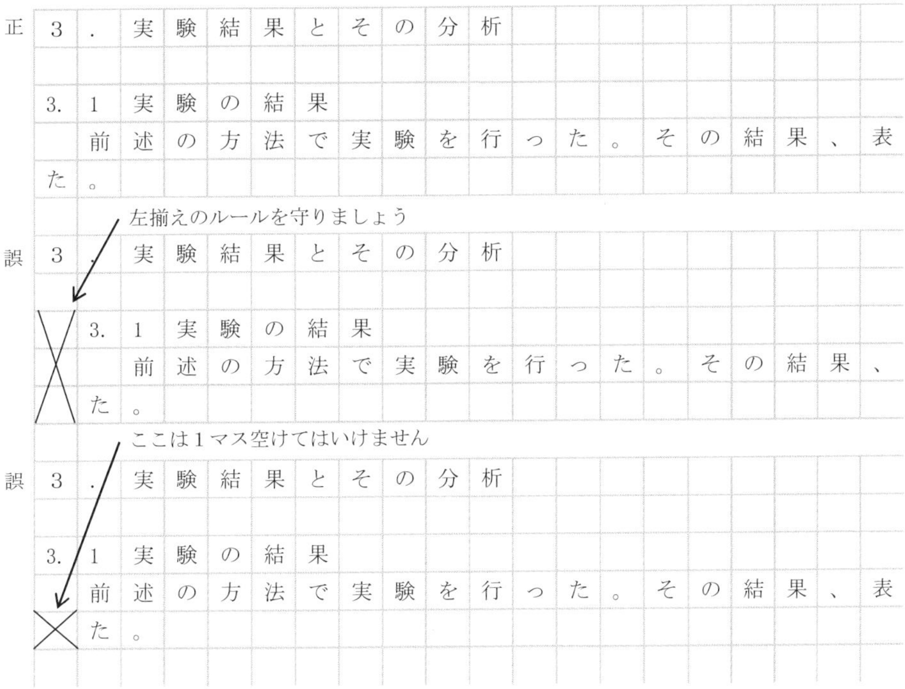

正　3.　実験結果とその分析

　　3.1　実験の結果
　　　前述の方法で実験を行った。その結果、表
　た。

　　　左揃えのルールを守りましょう
誤　3.　実験結果とその分析

　　　3.1　実験の結果
　　　　前述の方法で実験を行った。その結果、
　た。

　　　ここは1マス空けてはいけません
誤　3.　実験結果とその分析

　　3.1　実験の結果
　　前述の方法で実験を行った。その結果、表
　た。

図10.2　書き出しの位置

正　実際には、次の手順で一人ずつ実施します。
　　①被験者は測定者の合図により、アルファ
　　記入していきます。
　　②記入に際しては、ひとつ上に記述されて
　　見本にして描きます。

誤　実際には、次の手順で一人ずつ実施します。
　　①被験者は測定者の合図により、アルフ
　　次記入していきます。
　　②記入に際しては、ひとつ上に記述され
　　を見本にして描きます。

図10.3　箇条書きの書き方

10.2.3　図表に関するコメント

　図や表の体裁に関する問題点は次の通りです。

（1）表のキャプションは、**図10.4**に示される通り、表の上に記述します。

（2）図のキャプションは、**図10.5**に示される通り、図の下に記述します。

（3）グラフの図番と図題は、Word上で記述して本文のフォントと整合させます。

　Excel のグラフ内で図番等を記述すると、グラフを貼り付けた時に縮小されて小さな文字になることがあります。

（4）**図 10.6** で指摘しているように、図表を枠で囲ってはいけません。

　第 5 章で説明した通り、グラフエリアをクリックした後に書式タブを選択し「現在の選択範囲－選択対象の書式設定」により作業ウィンドウを開いて枠線を削除しましょう。

誤

試行回数 i	測定時間 p_i			
	被験者A	被験者B	被験者C	被験者D
1	67	61	38	26
2	45	58	34	25
3	41	56	32	23
⋮				
23	31	28	23	21
24	28	31	21	22
25	27	29	22	19

表1　各被験者のデータ

表1　各被験者のデータ　正

試行回数 i	測定時間 p_i			
	被験者A	被験者B	被験者C	被験者D
1	67	61	38	26
2	45	58	34	25
3	41	56	32	23
⋮				
23	31	28	23	21
24	28	31	21	22
25	27	29	22	19

図 10.4　表番と表題の位置

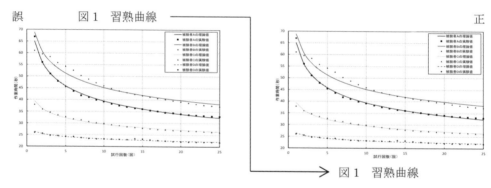

図 10.5　図番と図題の位置

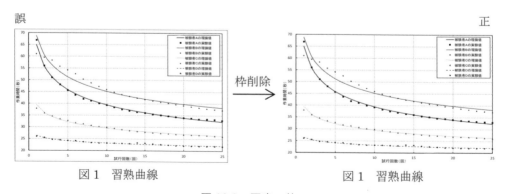

図 10.6　図表の枠

（5）グラフの凡例が、プロットエリアからはみ出してはいけません。

（6）グラフは図として扱い、図表の区別をきちんとします。

（7）いくつかの図表をまとめて扱わず、それぞれに表番や図番を与えます。

（8）図や表の番号は「図○.○」の形式とし、章番号と通し番号で構成します。

（9）今回の測定回数は 25 回ですから、グラフの横軸の目盛も 25 までとします。

（10）実験結果のグラフをなめらかな線で結んではいけません。

（11）グラフは適度な大きさにします。

　大きすぎたり小さすぎたりしてはいけません。

（12）同種のグラフの大きさは統一する必要があります。

（13）単純な比較しかできない棒グラフは、あまり使用しません。

　簡単な棒グラフであれば、具体的な数値がわかる表の方が良いと考えられます。

（14）表の行と列の項目をうまく設定しましょう。

　表を横型にするか縦型にするかをよく考えて設定しましょう。今回の場合、縦方向に記述すると解決するでしょう。

（15）実験結果等を被験者 1 人ごとにして、表を作成することは問題です。

　表はデータを比較するためのものですから、まとめて 1 つの表でなければ意味がありません。

10.3　内容に関する問題点

10.3.1　「はじめに」に関するコメント

　ここでは内容に関する問題点を各章ごとに解説します。まずは「はじめに」について説明します。

（1）今回は、節に分けて記述する必要はありません。

　今回の「はじめに」で執筆する分量では、節の作成は不要と考えます。段落を変えることで十分でしょう。最初の段落で、習熟効果の定義や概念を記述します。次の段落で、実験やレポートの内容について記述すればよいでしょう。

（2）習熟効果の定義や概念等を引用した場合には、参考文献との関係を明確にします。

　習熟効果の定義や概念等は、みなさんが明らかにしたことではなく、必ず何らかの文献を参考にしているはずです。そのために引用が不可欠となります。参考にした文献の文章の最後に、参考文献で示されている番号を図 10.7 のように書きます。

　特に（2）にある参考文献の記述は重要です。参考文献をあまり記述しない傾向の人が多く見受けられます。しかしレポートや論文において、その背景や位置づけ等を明確にしたり著者の主張の根拠や正当性を示したりするためには、参考文献の提示が不可欠となります。また学会等における論文審査のガイドラインにも、関連する適切な文献が引用されているかというような項目があります。したがって各自が執筆したレポートや論文の価値を高めるためにも、積極的にかつ適切に参考文献等を列挙すべきだと考えられます。

習熟とは JIS Z8141-5510 によれば、「同じ作業を何回も繰り返すことによって、作業に対する慣れ、動作や作業方法の改善によって次第に作業時間が減少していく現象」と定義されている[1]。

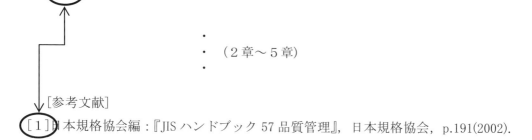

　　　　　　　　　　・
　　　　　　　　　　・　（2章～5章）
　　　　　　　　　　・

[参考文献]
[1] 日本規格協会編：『JIS ハンドブック 57 品質管理』，日本規格協会，p.191(2002).

図 10.7　参考文献との対応

10.3.2 「実験の方法」に関するコメント

　実験方法について、できるだけ詳しく記述しましょう。具体的な手順等を箇条書き等により丁寧に書くべきです。また、実験上の注意点についても記述しておいた方がよいでしょう。レポートを読んだ第3者が、その実験を再現できる水準の記述が必要です。

10.3.3 「実験結果とその分析」に関するコメント

　この章でよくみられる問題点は、次の通りです。

（1）分析手順等の説明を、第9章で記述してある通りにそのまま写している人がいます。

　本書の記述を参考にするのはかまいません。しかしそのまま利用すれば、レポートとしてはおかしな表現になります。

（2）Excel での分析方法を記述する必要はありません。

　今回は Excel を使って分析を行っています。しかし Excel で使用する関数名等を記述する必要はありません。電卓の使い方をレポートで説明するようなものです。

10.3.4 「考察」に関するコメント

　この章で何を書くべきかは、一番悩むところです。次の内容を参考にしてください。

① 節に分けて記述します。すなわち、4.1, 4.2, 4.3…とし、適切な見出しを付けてください。考察の各見出しが(1)(2)(3)…となるのは、あまり適切とはいえません。

② 節の見出しも「○○○からわかること」のような記述は、あまり好ましくありません。「○○○について」とか「○○○と△△△との関係」という形式がよいでしょう。

③ 実験結果や分析結果のどの部分のデータのどのような傾向から、どのようなことがいえるのかを考察として記述します。

④ さらにその原因や対策等もあれば記述します。この部分を裏づけるために新たな実験や別の分析を行うのもいいでしょう。

⑤ 以上のことから、１つの節における考察の分量が２〜３行ということはありえません。

⑥「４人とも高い習熟が得られた。」というような記述がありますが、何に比べて高い習熟といえるのか。そもそも、このこと自体は考察とはいえません。もし記述するとすれば、まとめて分析結果の概要とでもすべきでしょう。

⑦「習熟係数と習熟率の関係」等は、定義の問題であり、実験の結果とは全く関係がありません。そのためこの内容は考察に適切な内容とはいえません。

10.3.5 「おわりに」に関するコメント

ここでは、２段階の記述をすればよいでしょう。まずは、レポートでどのようなことを述べてきたかを説明します。次の段落において、考察等を通じてわかったことを箇条書きで記述します。

10.3.6 「参考文献」に関するコメント

参考文献を記述していない人がいます。参考にした文献は必ず記述します。実際にその文献を図書館等で調べることが重要で、孫引きはいけません。また、参考文献の見出しは「6. 参考文献」ではなく「参考文献」とします。章番号や節番号を付記しません。

10.4 検索と置換

レポート等を推敲する際に、検索や置換の機能を理解していると効率よく加筆修正が行えます。そこで、具体的な方法について解説します。ここでは各自の work93.docx を使って実際に試してみましょう。

（1）検索の方法

検索の機能を使えば、指定された文字列を文書の中から探し出すことができます。**図 10.8** のようにホームタブを選択し「編集−検索」をクリックすれば、画面の左側に**図 10.9** のような作業ウィンドウが表示されます。今回は「習熟」という文字列を検索してみましょう。**図 10.10** のようにフィールドに「習熟」と入力すれば、文書中の該当するすべての文字列が強調されます。

作業ウィンドウのフィールドのすぐ下に、該当する文字列が何個あったかを表示しています。この中から探すことになります。ここで ▼ ボタンをクリックするたびに、次の候補が順番に表示されます。逆に ▲ ボタンをクリックすれば前の候補に戻ります。試しておきましょう。また、「編集−検索」のプルダウンメニューから、「高度な検索」や「ジャンプ」も選択できます。これらの機能については、各自で調べておきましょう。

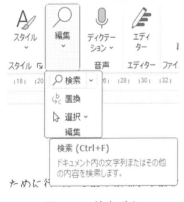

図 10.8　検索ボタン

図 10.9　作業ウィンドウ

図 10.10　検索結果

（2）置換の方法

　置換の機能は文書中にある指定された文字列を、別の文字列に置き換えることができます。ホームタブを選択し「編集－置換」をクリックすれば、「検索と置換」のダイアログが表示されます。ここでは、句読点「．」を「。」に統一することを考えます。そこで図 10.11 のように検索する文字列の項目に「．」を入力して、置換後の文字列の項目に「。」を入力します。

図 10.11　検索と置換のダイアログ

　そして「次を検索」のボタンをクリックすれば、該当する文字列が選択された状態になります。さらに「置換」のボタンをクリックすれば置換後の文字列の項目で指定した「。」に変更されます。変更したくない場合は、「次を検索」をクリックして、該当する次の文字列を選択します。

　ところで「すべて置換」のボタンをクリックすれば、該当する文字列をまとめて置換できます。非常に便利な機能のようですが、使用に際しては注意が必要です。自分の期待した文字以外を置換してしまうことがあるからです。今回の場合、「１．はじめに」が「１。はじめに」となってしまいます。このように便利そうな機能ですが、罠が潜んでいるので、くれぐれも注意して使ってください。

10.5 目次の作成

10.5.1 目次作成の準備

　文書の目次を作成し保守するには、目次機能を使うとよいでしょう。ここでは、その方法について演習を行います。目次作成の手順は、目次用の空白ページを準備した後に、見出しの選択とそのアウトラインレベルの設定と続きます。アウトラインレベルとは、見出しの深さと考えてよいでしょう。すなわち、文書のどの部分を目次の見出しにするのか、そしてその見出しは、章なのか節なのかを設定することが必要です。そこで、これらの3種類の設定について解説します。

　それでは、work93.docx を開いてください。まず、目次のページの位置を決めます。今回は work93.docx の先頭に改ページを入れて、最初のページに目次を作成する準備をします。そこで文書の先頭にカーソルを移動して、**図 10.12** のようにレイアウトタブを選択し「ページ設定－区切り」をクリックします。そして、セクション区切りの項目にある「次のページから開始」を選択しましょう。これにより、空白のページが文書の最初のページとして挿入されました。

図 10.12　ページ設定のページ区切り

10.5.2 目次作成の方法

　それでは、見出しの選択とアウトラインレベルの設定を始めましょう。まず、**図 10.13** のように表示タブを選択し「表示－アウトライン」をクリックします。これにより**図 10.14** のようにアウトラインのタブが追加されます。そして、文書中から目次の見出しとなる部分を選択し、そのアウトラインレベルを設定します。

　ここでは work93.docx にある「１．はじめに」を、レベル１に設定してみましょう。見出しとなる「１．はじめに」の先頭にカーソルを合わせます。そしてアウトラインのタブから**図** 10.15 の通り「レベル１」を選択します。同様にして「２．実験方法」もレベル１に設定しましょう。さらに「2.1 実験の準備」は、レベル２として設定します。これらの操作を繰り返して、見出しとなるすべての項目を設定します。

図 10.13　文書の表示のアウトラインの選択

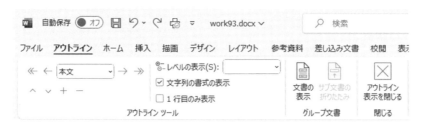

図 10.14　アウトラインのタブ

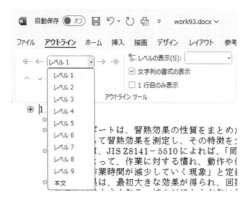

図 10.15　見出しの選択とアウトラインレベルの設定

　すべての見出しの設定が完了すれば、いよいよ最後のステップです。目次用に準備した空白ページにカーソルを移して、「参考資料」タブを選択し「目次－目次」をクリックします。そして、「ユーザー設定の目次」をクリックすれば**図** 10.16 のように「目次」のダイアログが表示されます。図 10.16 にある「オプション」や「変更」を使えば様々な設定ができますの

で、機会を見つけて試しておくとよいでしょう。ここで、「OK」ボタンをクリックすれば、**図** 10.17 のように目次が挿入されます。

図 10.16　目次のダイアログ

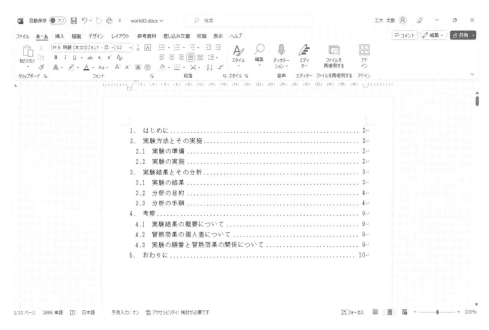

図 10.17　挿入された目次

10．5．3　ページ番号の調整

　図 10.17 では、「1．はじめに」のページ番号が「2」と表示されています。これは目次が 1 ページで、それに続いたページ番号になっているためです。一般に本文のページ番号は、目次のものとは別にします。すなわち、本文から新たなページ番号が始まるように、調整する必要があります。

まず、「１．はじめに」のあるページにカーソルを移します。そして挿入タブをクリックし、「ヘッダーとフッター－ページ番号－ページ番号の書式設定」を選択すれば「ページ番号の書式」のダイアログが表示されます。ここで**図10.18** のように、連続番号の欄にある「開始番号」を選択して値を「1」に設定し、「OK」ボタンをクリックします。最後に、「１．はじめに」があるページのフッターのページ番号が「1」になっていることを確認しておきましょう。

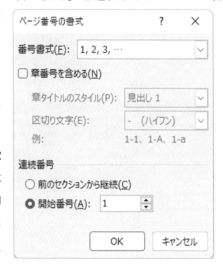

図10.18　ページ番号の書式

ところで、目次のページを作成する時に、図10.12 のようにセクション区切りを指定しました。目次と本文のページ番号を別にするために、「セクション区切り」の操作をしておいたのです。もし、ページ番号が変わらない場合は、目次のページが別のセクションになっていない可能性があります。

10．5．4　目次の更新

前項で「１．はじめに」のページ番号を「2」から「1」に変更しましたが、目次にあるページ番号はそのままです。目次の更新を指示しなければ、反映されません。また文書を加筆修正するうちに、見出しのページが変わってしまうことがあります。このような場合にも更新が必要となります。

目次を更新するには、参考資料タブを選択し「目次－目次の更新」をクリックします。これにより、**図10.19** のような「目次の更新」のダイアログが表示されますので、必要な項目を選択し「OK」ボタンをクリックします。目次のページが更新されたことを確認した後に、ここまでの成果を worka1.docx として保存しておきましょう。

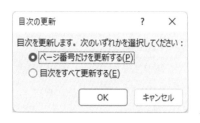

図10.19　目次の更新のダイアログ

10．5．5　体裁の調整

今回の実験レポートは5章程度の構成でした。そのために、目次がページの上部だけで収まってしまい貧弱です。また、目次であることが記されていません。そこで「目次」という

見出しを入れておきます。さらに、改行を適度に入れるなり、行間を広げるなりして、**図 10.20**
のように体裁を整えておきましょう。

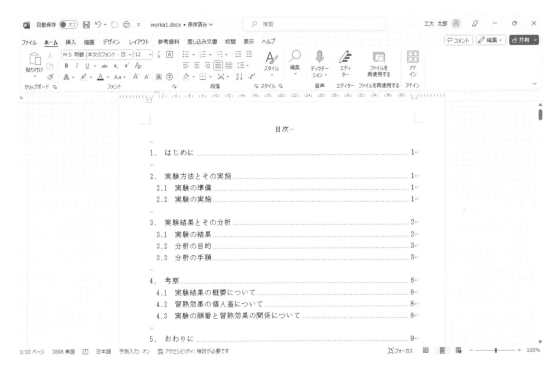

図 10.20　体裁を整えた目次

10.6　課題10

　前回作成したレポートを、この章での指摘にしたがって修正して完成させなさい。各自が
気づいた点があれば、それについても修正します。他の人とレポートを交換してお互いに読
んでチェックするとよいでしょう。さらに、目次を追加しなさい。

　以上の成果を worka2.docx として保存しておきます。

第11章　表計算ソフトの応用

11.1　はじめに

　データの集計とその分析に表計算ソフトを利用することは、すでに演習済みです。しかし、大量のデータを処理したり同じ処理を何度も繰り返したりする場合には、表計算ソフトよりも自分でプログラムを作って処理を行う方が効率的です。また複雑な解析を行うような場合には、専用のソフトウェアを利用して計算をさせることになります。

　プログラミングによる処理は汎用性も高く非常に効果的ですが、その結果を集計してグラフ化するような場合には、Excel の機能は非常に魅力的です。そこで本書では4ページにある図 1.2 の右部で示した通り、他のソフトと連携して Excel を使用することで、表計算ソフトの利用範囲を広げています。すなわち、自分で作ったプログラムで必要な処理をした後に、Excel でグラフや表等を作成して分析します。

　また、Excel を表計算ソフトとして利用することだけでなく、データベースとして使うこともできます。例えば、簡単な住所登録等は Excel で十分です。他にも多くの用途に適用することができます。

　そこで、今回は次の内容について演習を行います。
　① プログラムと表計算ソフトの連携方法
　② Excel のページ設定
　③ 統計的仮説検定
　④ 表計算ソフトとデータベース
　⑤ 差し込み印刷の概念とその方法

11.2　プログラムとの連携

11.2.1　プログラムとの連携の方法

　前述の通り、自作のプログラムや市販のソフトウェアを使って繰り返しシミュレーションを実施して、その結果を Excel で集計し分析することは、研究を効果的に進めるのによい手段といえます。そして分析の過程で作成したグラフや表を、オブジェクトとしてレポートや論文で使用することになります。

　しかし問題は、プログラムから Excel へどのようにしてデータを引き渡せばいいのかということです。その逆に、プログラムがデータを受け取って処理することもあるでしょう。最も簡単で確実な方法は、プログラムの実行結果をディスプレイに表示させるのではなく、**図 11.1** のようにファイルに出力することです。このファイルを表計算ソフトで読み込んで処理をさせるのです。このためには、プログラムでも Excel でも読み書きができるファイルの形式が必要となります。

図 11.1　プログラムと Excel の連携の概念図

11.2.2　CSV 形式のデータフォーマット

　プログラムと Excel で共通に扱えるデータファイル形式の 1 つとして、**CSV(Comma Separated Value format)形式**があります。このファイルはテキストデータが記述されており、データとデータの区切りにコンマ","が使用されています。このために Windows のほとんどのアプリケーションで利用可能だと考えられます。例えば、メモ帳でもファイルの中身を確認し編集することが可能です。アプリケーション間でのデータのやりとりによく使われる形式といえます。

　また、CSV 形式のことをコンマ区切り形式と呼ぶこともありますので、覚えておきましょう。さらにもっと知りたい人は、インターネットで検索してみるのもいいでしょう。

11.2.3　プログラムのダウンロード

　ここでは、正規乱数を発生させるプログラムを使って、Excel にデータを引き渡す演習を行いましょう。しかし、残念ながらプログラミングの演習を行う時間はありません。そのためファイルを出力するプログラムの作成等については、各自で勉強してください。今回は、計算結果を CSV 形式で出力するプログラムを使って、Excel へのデータの引渡しについてのみ演習します。

　まず Microsoft Edge を使って、今回使用するプログラムを入手します。次のページを参照してください。

　　　https://lss.oit.ac.jp/~shiihara/literacy/download/

　このページにある乱数発生プログラムをダウンロードします。**図 11.2** にある「乱数発生プログラム」へのリンクをクリックすれば、このファイルが一般的にダウンロードされていないために信頼できるファイルかどうかの確認を促すメッセージが表示されることがあります。当然、信頼できるファイルですから、このメッセージにマウスカーソルを合わせて … をクリックし、「保存」を選択します。さらに、警告のメッセージが表示されますが、「詳細表示－保持する」を選択すればダウンロードできます。プログラムファイルは、「ダウンロード」フォルダーに保存されていますので、lec11 に移動しましょう。ただし、92 ページの 4.6 節で解説した通り、インターネット上で提供されているファイルは、むやみに実行したり保存したりしないことです。危険なファイルがインターネット上に数多く存在しており、信用できないファイルを無防備で実行すれば多大な被害を受けることがあります。

図 11.2　ダウンロードのページ

11．2．4　プログラムの実行とファイルの作成

　ダウンロードしたプログラム rnd.exe は、正規乱数を発生させるプログラムです。正規乱数とは、正規分布にしたがって発生された乱数のことです。このプログラムをダブルクリックすれば、「Windows によって PC が保護されました」と表示されることがあります。これは、ネットからダウンロードした実行ファイルなので警告されたのです。この場合は、このウィンドウの「詳細情報－実行」をクリックします。これにより、プログラムが実行されると「data.dat」というファイルが lec11 のフォルダーに出力されますので、「メモ帳」というアプリを使って開いてみましょう。この方法はいくつかありますが、ここでは data.dat のアイコンを右クリックして、メニューの中から「プログラムから開く」を選択します。アプリの一覧が表示されますので、「メモ帳」を選択します。一覧にない場合は、「その他のアプリ－メモ帳」を選択します。この際に、「常にこのアプリを使って.dat ファイルを開く」のチェックボックスは外しておけばよいでしょう。これにより図 11.3 のように表示されます。

　さて、この図 11.3 のように "," で区切られたテキストデータを CSV 形式と呼んでいるのです。1 行分のデータを1 レコードといいます。プログラムの実行によって作成されたファイルdata.dat は、1 レコードが 20 個の数値で構成されており、30 レコードあります。すなわち data.dat ファイルには、600 個のデータが記録されています。

図 11.3　data.dat の確認

11. 2. 5 Excel へのファイルの読み込み方法

　それでは、CSV 形式のファイルを Excel に読み込む方法を解説します。まず Excel を起動して、ファイルタブをクリックし「開く」を選択します。そして、📂 参照 をクリックして「ファイルを開く」のダイアログを表示させ、data.dat のあるフォルダーlec11 を指定します。さらに、ファイルの種類の欄を「すべてのファイル」にします。これにより図 11.4 のようにdata.dat が表示されているので、そのアイコンをダブルクリックすれば図 11.5 のようなテキストファイルウィザードが表示されます。指示にしたがって、順番に進めていきましょう。

図 11.4　ファイルを開くのダイアログ　　　図 11.5　テキストファイルウィザード 1/3

（1）元のデータの形式の選択

　テキストファイルウィザードの 1 枚目では、データの形式を選択します。ここでは、図 11.5 の通り「コンマやタブ等の区切り文字によってフィールドごとに区切られたデータ」を選択して次へ進みます。

（2）フィールドの区切り文字を指定

　テキストファイルウィザードの 2 枚目では、区切り文字を選択します。最初から「タブ」にはチェックが付いています。ここでは、図 11.6 のように「タブ」のチェックをはずし「コンマ」にチェックを付けて次に進みます。

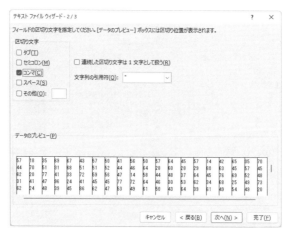

図 11.6　テキストファイルウィザード 2/3

（3）列のデータ形式の選択

最後となるテキストファイルウィザードの3枚目では、列のデータ形式を選択できます。ここでは標準形式を選択します。**図 11.7** のように「G/標準」をチェックし、「完了」をクリックしてください。

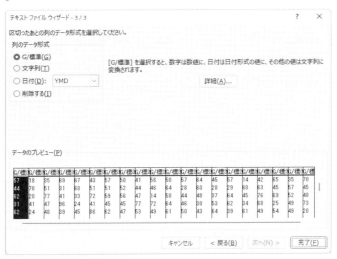

図 11.7　テキストファイルウィザード 3/3

以上の手続きにより、**図 11.8** のようにファイル data.dat の Excel への読み込みが完了します。ここまでを、workb1.xlsx という名前で保存しておきましょう。ただし、保存する際に、ファイルの種類を「Excel ブック」形式にしておく必要があります。ここで「CSV(コンマ区切り)」を選択すれば、Excel のデータを CSV 形式のまま保存することもできます。

今回は、標準的な方法を解説しました。しかし data.dat の拡張子「dat」を「csv」に変更して data.csv とする方法もあります。そして data.csv のアイコンをダブルクリックすれば、Excel で開くことができます。時間のある人は試してみましょう。

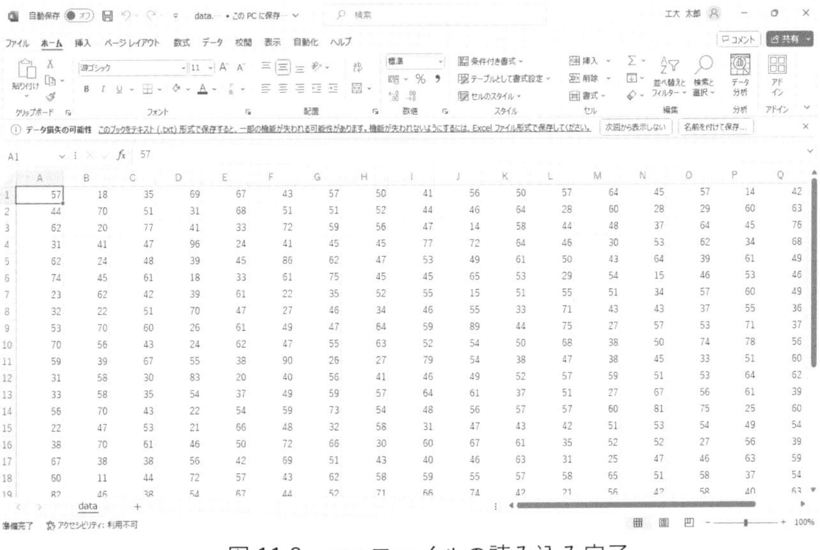

図 11.8　csv ファイルの読み込み完了

11.3 乱数データの検証

11.3.1 データ検証の目的

　先程得られた 600 個のデータが、どのような性質を持っているかを調べてみましょう。これは、プログラムの実行結果を確認することにもなります。まずは 600 個のデータの平均値、標準偏差、最大値、最小値の各項目について計算してみましょう。**図 11.9** で指定されたセルに、Excel の関数を使って計算します。まず図 11.9 のように項目名を入力します。今回は次節で説明する関数の引数のダイアログを利用して計算させます。

	A	B	C	D	E	F	G	H	I	J	K	L	M	N	O	P	Q
1	57	18	35	69	67	43	57	50	41	56	50	57	64	45	57	14	42
2	44	70	51	31	68	51	51	52	44	46	64	28	60	28	29	60	63
3	62	20	77	41	33	72	59	56	47	14	58	44	48	37	64	45	76
⋮																	
28	38	20	35	52	49	57	39	43	63	32	56	63	47	45	31	46	67
29	26	46	71	50	80	52	63	36	43	58	30	82	41	40	60	51	35
30	76	36	58	51	50	61	46	47	52	39	48	48	27	50	57	66	38
31																	
32		平均値		標準偏差		最大値		最小値									
33																	

図 11.9　計算項目名の入力

11.3.2 関数の引数のダイアログ

　数式タブを選択し「関数ライブラリ－関数の挿入」をクリックすると、**図 11.10** のような「関数の挿入」のダイアログが表示されます。ここでは、このダイアログの使用方法について解説しておきましょう。

図 11.10　関数の挿入のダイアログ

セル D32 を選択してから、関数の挿入のダイアログを表示させます。そして、関数名のリストボックスから「AVERAGE」を選択して、「OK」ボタンを押し、**図 11.11** の関数の引数ダイアログを表示させます。このダイアログは、引数となるセルを指定します。すなわち、関数「AVERAGE()」で計算する範囲を指定しなさいということです。データはセル A1 から T30 までの 600 個ですから数値 1 の欄に "A1:T30" と直接タイプしてもかまいません。

図 11.11　関数の引数のダイアログ

これ以外の方法として、マウスを使って入力する方法を解説しておきます。図 11.11 の数値 1 の欄の右端のボタン ⬆ をクリックします。これにより「関数の引数」のダイアログが縮小表示になります。この状態でマウスを使って範囲指定します。マウスをドラッグしてセル A1 から T30 を選択することにより、**図 11.12** のように A1:T30 と表示されます。ここで、右端のボタン 🔽 をクリックすれば、図 11.11 の数値 1 のフィールドに A1:T30 と表示されているはずです。ここで、「OK」ボタンをクリックすれば完了です。同様にして標準偏差、最大値、最小値も関数の挿入のダイアログを使って検索し、セル F32,H32,J32 に計算させましょう。

図 11.12　範囲指定

11.3.3　セルの個数を数える関数

さらに 600 個のデータの特徴を理解するには、度数分布図を作成するのが一番です。このためには、各範囲に存在するデータの個数を数える必要があります。すなわち、ある条件を満たしたセルの個数を数えることになります。この関数としては第 7 章で使用した「COUNTIF()」を利用しましょう。

　今回は、0〜10 未満、10〜20 未満と 10 刻みで、最大値から 100 未満までの分布図を作成します。0〜10 未満の個数を数えるには、「=COUNTIF(A1:T30,″<10″)」と入力すればよいのです。セル C35 へ実際に入力してみましょう。10〜20 未満の場合は、20 未満の個数を数えて、そこから 10 未満の個数を除く必要があります。各自で考えてみましょう。

　以上の方法を使って、**図 11.13** のような度数分布表を作成します。このような表ができれば、度数分布図を作成することは容易です。各自で作成しておいてください。またここまでを、workb2.xlsx として保存しておきましょう。

平均値	50.82	標準偏差	14.90429	最大値		99	最小値		11		
0から9	10から19	20から29	30から39	40から49	50から59	60から69	70から79	80から89	90から99		
0	10	39	85	141	161	101	45	15	3		

図 11.13　度数分布表の完成

11.4　ページの設定

11.4.1　ページの設定方法

　Excel も Word と同様に、ページの設定ができます。ページレイアウトタブを選択し、ページ設定グループのダイアログボックス起動ツールをクリックしてください。**図 11.14** のように「ページ設定」のダイアログが表示されます。この図のタブを見ればわかる通り、ページ、余白、ヘッダー/フッター、そしてシートの 4 種類の項目について設定することができます。これらの項目の中で、よく使うところについて解説します。

図 11.14　ページ設定のダイアログ

11.4.2 ページのタブ

　図 11.14 のようにページのタブを選択すれば、印刷の向きや拡大縮小印刷、用紙サイズ等を設定することができます。印刷の向きや用紙サイズについては、特に解説をする必要はないでしょう。拡大縮小印刷は、非常に便利な機能です。通常では 1 枚の用紙に収まらないような場合に、この機能を使って縮小して印刷できるのです。もちろん、縮小だけではなく拡大して印刷することもできます。

　拡大や縮小の設定方法は、百分率(%)を使って指定するか、もしくは、指定したページ数に合わせるかを選択することができます。後者を使う方が簡単に設定できると考えられ、後術の 11.4.5 項で説明する印刷範囲の指定機能を併用するとよいでしょう。ここでは workb2.xlsx を使って、各自でいろいろと試してみましょう。ただし、実際に紙に印刷することは無駄ですから、ファイルタブを選択し「印刷」をクリックして表示される印刷プレビューを確認してください。この印刷の画面でもいくつかの設定ができるようになっています。プレビュー画面を確認しながら変更できるので便利です。また、⬅ をクリックすることで、ワークシートの画面に戻ります。

11.4.3 余白のタブ

　余白のタブを選択すれば、文字通り上下左右の余白を設定できます。余白のタブをクリックしてみてください。**図 11.15** のような画面が表示されます。ここで、余白を設定すればよいのです。ヘッダーとフッターの位置も設定できますが、上下の余白の設定との関係をうまく設定しなければワークシートの内容と重なってしまいますので注意してください。

　また図 11.15 の下部にあるページ中央の欄では、用紙の中央に印刷するための設定を行うことができます。

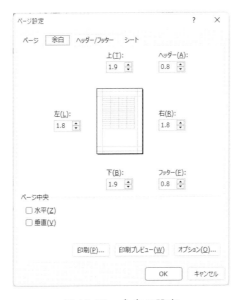

図 11.15　余白の設定

11. 4. 4 ヘッダー/フッターのタブ

さらにヘッダー/フッターのタブをクリックすれば、**図 11.16** のように表示されます。最も簡単な設定方法は、ヘッダーおよびフッターの項目の右端をクリックして、リストから選択することです。自由な設定を行いたい場合には、各編集のボタンをクリックします。例えば「ヘッダーの編集」のボタンをクリックすれば、**図 11.17** のダイアログが開きます。このダイアログを使って編集します。

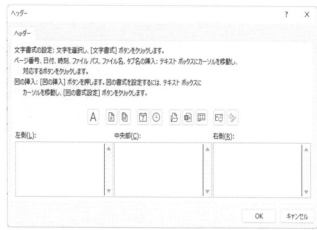

図 11.16　ヘッダー／フッターの設定　　　図 11.17　ヘッダーのダイアログ

この図からわかる通り、ヘッダーは左側、中央部、右側の３つの位置に分類されています。記述した箇所によって左詰、中央揃え、右詰と異なります。もちろん、複数の箇所に記述することもできます。それでは、各自で試しに中央部にヘッダーを作成してみましょう。記述したい内容を欄に記入するのですが、「ヘッダー」のダイアログにあるボタンを使うことで、次のような機能を使うことができます。ここでは左から順に説明しています。

（1）文字書式

対象となる文字の範囲を選択して、そのフォント、スタイル、サイズ等の書式を設定することができます。

（2）ページ番号の挿入

ページ番号を表示します。ページの開始番号は、図 11.14 の「ページ設定」のダイアログの下部にある先頭ページ番号のフィールドに入力された値になります。

（3）ページ数の挿入

総ページ数を表示します。必要に応じて、ページ番号と組み合わせて使うとよりよいと考えられます。

（4）日付の挿入

印刷時の日付を表示します。

（5）時刻の挿入

印刷時の時刻を表示します。

（6）ファイル パスの挿入

ファイル名をパス付きで表示します。

（7）ファイル名の挿入

ファイル名を表示します。

（8）シート名の挿入

シート名を表示します。

（9）図の挿入

ファイルで保存されている図を挿入することができます。

（10）図の書式設定

図が挿入されているときのみ有効で、その図の書式を設定できます。

以上の(1)～(10)までの操作については、フッターについても同様に行うことができます。各自で試しておきましょう。

11. 4. 5　シートのタブ

シートのタブを選択すれば**図 11.18** の通り、印刷範囲や印刷タイトル、印刷、ページの方向に関して設定ができます。ここでは、印刷範囲の欄と印刷の項目に着目します。まず、「印刷範囲」では印刷する範囲を指定でき、フィールド右側の 🔼 を使うことで容易に設定できます。印刷については、「枠線」にチェックを付ければ、印刷されるセルに枠線が引かれます。さらに「行列番号」にチェックを付ければ、A,B,C…という列番号と 1,2,3…という行番号も一緒に印刷されます。

図 11.18　シートの設定

11.4.6 練習

ページの設定方法について理解ができれば、workb2.xlsx を使って次の通りに設定をしてみましょう。指定されていない項目については、デフォルト(最初に指定されている状態)のままで結構です。

① 印刷の向きは横にします。(← 11.4.2 項参照)

② A4 の用紙 1 枚にすべてが収まるようにします。(← 11.4.2 項参照)

③ 印刷される位置は、用紙の中央とします。(← 11.4.3 項参照)

④ ヘッダーの右端には、「コンピュータリテラシー」を印刷します。(← 11.4.4 項参照)

⑤ フッターの中央には、ページ番号を印刷します。(← 11.4.4 項参照)

⑥ ページ番号は、「- ページ番号 -」と印刷します。

⑦ ヘッダーとフッターは、すべて MS 明朝の 10 ポイントとします。(← 11.4.4 項参照)

⑧ シートに枠線を入れてください。(← 11.4.5 項参照)

さて、⑥の形式で印刷するには、「- &[ページ番号] -」と指定すればいいでしょう。完成したら**図 11.19** のようになるはずです。これを workb3.xlsx として保存しておきましょう。

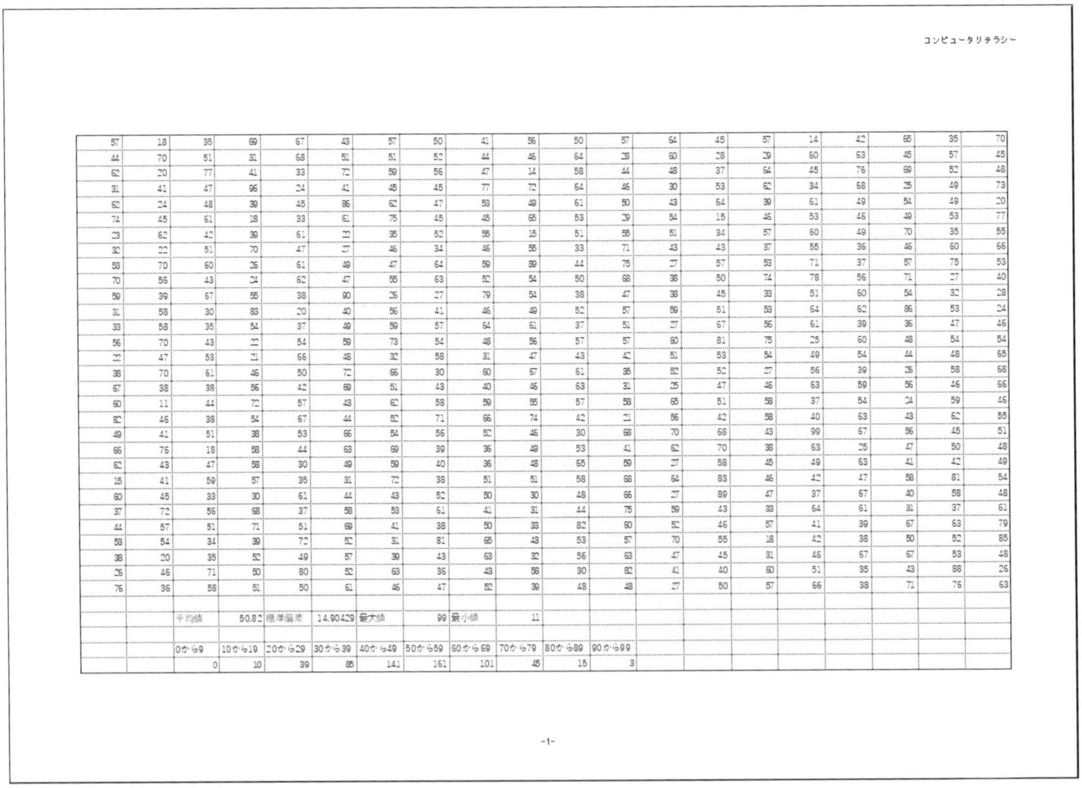
コンピュータリテラシー

57	18	35	69	67	43	57	50	41	56	50	57	64	45	57	14	42	65	35	70
44	70	51	31	68	51	51	52	44	46	64	28	60	28	29	60	63	45	57	45
62	20	77	41	33	72	59	56	47	14	58	44	48	37	64	45	76	69	52	48
31	41	47	96	24	41	45	45	77	72	64	46	30	53	62	34	68	25	49	73
62	24	48	39	45	86	62	47	53	49	61	50	43	64	39	61	49	54	49	20
74	45	61	18	33	61	75	45	45	65	53	29	54	15	46	53	46	49	53	77
23	62	42	39	61	22	35	52	55	15	51	55	51	34	57	60	49	70	35	55
32	22	51	70	47	27	46	34	46	56	33	71	43	43	37	55	36	46	60	66
53	70	60	26	61	49	47	64	59	89	44	75	27	57	53	71	37	57	75	53
70	56	43	24	62	47	55	63	52	54	50	68	38	50	74	78	56	71	27	40
59	39	67	55	38	90	26	27	79	54	38	47	38	45	33	51	60	54	32	28
31	58	30	83	20	40	56	41	46	49	52	57	59	51	53	64	62	86	53	24
33	58	35	54	37	49	59	57	64	61	37	51	27	67	56	61	39	36	47	46
56	70	43	22	54	59	73	54	48	56	57	57	60	81	75	25	60	48	54	54
22	47	53	21	66	48	32	58	31	47	43	42	51	53	54	49	54	44	48	65
38	70	61	46	50	72	66	30	60	67	61	36	52	52	27	56	39	26	58	68
67	38	38	56	42	69	51	43	40	46	63	31	25	47	46	63	59	56	46	66
60	11	44	72	57	43	62	58	59	55	57	58	65	51	58	37	54	24	59	46
82	46	38	54	67	44	52	71	66	74	42	21	56	42	58	40	63	43	62	55
49	41	51	38	53	66	54	56	52	46	30	68	70	68	43	99	67	56	45	51
66	76	18	58	44	63	69	39	36	49	53	41	62	70	38	63	25	47	50	48
62	43	47	58	30	49	59	40	36	48	65	59	27	58	45	49	63	41	42	49
15	41	59	57	35	31	72	38	51	51	58	68	64	83	46	42	47	58	81	54
60	45	33	30	61	44	43	52	50	30	48	66	27	89	47	37	67	40	58	48
37	72	56	68	37	58	53	61	41	31	44	75	59	43	33	64	61	31	37	61
44	57	51	71	51	69	41	38	50	33	82	60	52	46	57	41	39	67	63	79
53	54	34	39	72	52	31	81	65	43	53	57	70	55	18	42	38	50	52	85
38	20	35	52	49	57	39	43	63	32	56	63	47	45	31	46	67	67	53	48
25	46	71	50	80	52	63	36	43	58	30	82	41	40	60	51	35	43	88	26
76	36	58	51	50	61	46	47	52	39	48	48	27	50	57	66	38	71	76	63
		平均値	50.82	標準偏差	14.90429	最大値	99	最小値	11										
		0から9	10から19	20から29	30から39	40から49	50から59	60から69	70から79	80から89	90から99								
		0	10	39	85	141	161	101	45	15	3								

-1-

図 11.19　workb3.xlsx の完成

11.5 統計的仮説検定

　今回使用した600個のデータは、コンピューターのプログラムによって作られた乱数です。平均50で標準偏差が15の正規分布に従う乱数600個をプログラムによって発生させたのです。先程の計算では、これらの乱数の平均値と標準偏差はそれぞれ約50.8と約14.9となりました。これらの乱数は、与えられた条件を満たしているといえるのでしょうか。これを調べる方法として統計的仮説検定があります。

　統計的仮説検定は、まず仮説を立て、その仮説が統計的な見地から採択されるか棄却されるかを検討するための手続きといえます。検定の種類は多々ありますが、ここでは問題の内容から *Z* 検定を使用します。今回の仮説は、「600個のデータの平均は、母集団平均と同じである。」となります。この仮説が統計的に問題ないかどうかを判定するのです。詳しい手順や使い方については、専門書やインターネットを使って各自で調べていただくことにして、ここでは Excel での判定方法を解説します。

　まず、セル C37 に「Z 確率」と入力します。この *Z* 確率の計算には関数「Z.TEST()」を使用します。そこでセル D37 には、「=2*MIN(Z.TEST(A1:T30,50,15),1-Z.TEST(A1:T30,50,15))」と入力します。その結果は**図 11.20** のようになります。使用した数式が複雑になっているのは、両側検定のためです。

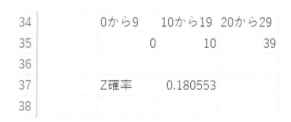

図 11.20　Z 確率

　さて、*Z* 確率とは、母集団の平均値とその標本の平均値との差が、観測された600個の乱数の平均値との差よりも大きくなる確率です。この値が5%未満になれば統計的に起こり得ないと考えます。100回に5回未満しか起こり得ないことなので、偶然に起きたと考えるよりも、何らかの原因があると考えるわけです。この場合には、「5%水準で統計学的に有意である」と表現します。有意水準は、一般に5%や1%を用います。今回は、5%より大きいので仮説を棄却できません。したがって、「600個のデータの平均は、母集団平均と違うとはいえない」と結論づけられます。すなわち平均値の違いは、偶然生じたデータの偏りと考えるわけです。仮説検定の種類には、このほかに *t* 検定等があり、問題によって使い分けます。

11.6　データベースと差し込み印刷

11.6.1　簡単なデータベース

　これまでの演習では、Excel をデータの集計とその分析に使用してきました。しかし、行を１つのレコードとして考えれば、データベースとして利用することもできます。例えば、簡単な住所録等であれば、Excel を使って管理することが可能です。ここでは Excel をデータベースとして利用する方法について、演習しておきましょう。

11.6.2　レコードの設計

　ここでは、簡単な住所録の作成を考えます。この住所録は、①レコード番号、②学生番号、③氏名、④敬称、⑤郵便番号、⑥住所 1、⑦住所 2、⑧電話番号、⑨e-mail アドレスの９項目から構成されます。そこで、**図 11.21** のように１行目に各セルの項目名を記入しましょう。Ａ列となるレコード番号とは、何番目のデータであるかを示した番号です。

図 11.21　データベースの設計例

11.6.3　データの入力

　それでは、**図 11.22** のように４件のデータを入力してみましょう。図を見ていただければわかる通り、すべてのセルを埋める必要はありません。レコードごとに必要もしくは、可能な項目だけを対象に入力すればよいのです。この設計方法では、レコードに多くの項目が必要となってしまい、不合理なところがあります。よりよい設計方法については、データベースの文献を読んでみましょう。

　また入力が完了すれば、セルの幅を適当な大きさに調整しておきます。シート名は、住所録 2019 としておきましょう。ここまでが完了すれば、workb4.xlsx として保存しておきましょう。

図 11.22　データの入力例

11．6．4　宛名ラベルの作成

　今回作成した住所録と Word の差し込み印刷の機能を使えば、簡単に宛名ラベルを作成することができます。宛名ラベルの作成方法はいくつかありますが、ウィザードを使った簡単な方法について解説します。まず、Word を起動します。そして、「差し込み文書」タブを選択し「差し込み印刷の開始－差し込み印刷の開始－差し込み印刷ウィザード」をクリックします。これにより**図 11.23** のような Word の画面右側に、差し込み印刷のウィザードが起動します。次の手順にしたがって作成してみましょう。

(1) 文書の種類の選択

　文書の種類として「レター」、「電子メールメッセージ」、「封筒」、「ラベル」、「名簿」の中から選択できます。ここでは「ラベル」を選択して、ウィザード下部の「次へ：ひな形の選択」をクリックすれば、**図 11.24** のようにひな形の選択の画面に移ります。

図 11.23　差し込み印刷ウィザード

図 11.24　ひな型の選択

（2）ひな形の選択

　文書レイアウトの変更の項目にあるラベルオプションをクリックすれば、**図 11.25** のような「ラベルオプション」のダイアログが表示されます。使用するラベルと同じ「ラベルの製造元」と「製品番号」を選びます。選択肢の中から選べない場合には、自分でラベルを設計しなくてはいけません。ここでは、その演習を行います。

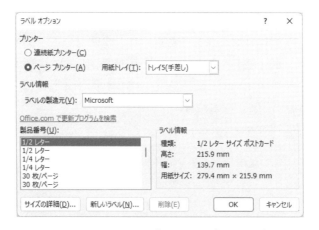

図 11.25　ラベルオプションのダイアログ a

　まず「新しいラベル」をクリックします。これにより「ラベルオプション」のダイアログが表示されます。このダイアログで使用するラベルと同じになるように設定しましょう。今回は**図 11.26** のように設定して「OK」ボタンをクリックしましょう。すると、**図 11.27** のように「ユーザー」の項目が増えています。それを確認して「OK」ボタンをクリックしましょう。これにより**図 11.28** のようなラベルが完成します。そしてウィザード下部の「次へ：宛先の選択」をクリックしましょう。

図 11.29　宛先の選択

そこで、**図 11.30** のように「住所録 2019$」を選択して「OK」ボタンをクリックします。これにより、「差し込み印刷の宛先」のダイアログが表示されます。このダイアログでは、印刷する行を選択することができます。住所録 2019 にあるデータ数は4つでしたから、一番下の行のチェックをはずして、**図 11.31** の状態で「OK」ボタンをクリックします。

以上が完了すれば、ウィザード下部の「次へ：ラベルの配置」をクリックします。

図 11.30　テーブルの選択のダイアログ

図 11.31　差し込み印刷の宛先のダイアログ

(4) ラベルの配置

宛先の選択が終われば、**図 11.32** の画面を使ってラベルの配置を設計します。このラベルの配置では、タグラベルのどの部分に何の情報を印刷するかを決めます。今回は、宛先の作成ですから、郵便番号、住所 1、住所 2、氏名、敬称の項目を印刷する必要があります。図 11.32 の左上のタグラベルを使って、レイアウトの設計を行います。

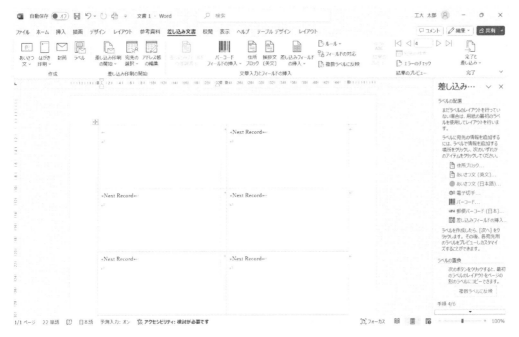

図 11.32　ラベルの配置

　まずタグラベル内に "〒" をタイプします。そして、図 11.32 の右側のラベルの配置のところにある「差し込みフィールドの挿入」をクリックすれば、**図 11.33** のようにダイアログが表示されます。このダイアログの各項目を選択して配置することができます。そこで〒の後に、郵便番号を挿入します。後は同様にして、**図 11.34** のように郵便番号、住所 1、住所 2、氏名、敬称をうまく配置してください。

　配置ができれば、ウィザードのラベル置換のところにある「複数ラベルに反映」をクリックします。これで、すべてのラベルに反映されます。そして、ウィザード下部の「次へ：ラベルのプレビュー表示」をクリックして、次へ進みます。

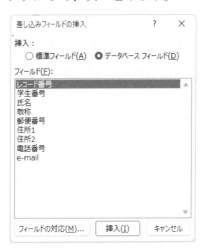

図 11.33　差し込みフィールドの挿入のダイアログ

図 11.34　差し込みフィールドの配置

(5) ラベルのプレビュー表示

図 11.35 のように、データが差し込まれた状態を表示してくれますので、確認してください。問題がなければ、ウィザード下部の「次へ：差し込み印刷の完了」をクリックします。

図 11.35　宛名ラベルの完成

(6) 差し込み印刷の完了

差し込み印刷の準備が整いました。差し込み印刷の項目の印刷をクリックして指示に従えば、印刷が可能です。今回は、印刷せずにウィザードを閉じます。

以上の手順で作成した文書を、workb5.docx として保存しましょう。実際に印刷するときは、ラベルオプションで指定した用紙をプリンターに入れてから印刷してください。このウィザードを利用すれば、宛名ラベル以外にも応用できるはずです。

このように Excel と Word を組み合わせて使えば、さらに魅力的なことがおわかりになると思います。

11.7 課題11a

統計的仮説検定について理解を深めておきましょう。ここでは、インターネットを使って、次の項目を調べてみましょう。

① 統計的仮説検定の概念
② 帰無仮説と対立仮説
③ 検定の種類
④ 有意水準
⑤ 片側検定と両側検定

11.8 課題11b

授業方法の異なる 2 つのクラス A と B から受講生 15 名を抽出して同じテストを実施しました。このテスト結果は、**表 11.1** の通りになりました。両クラスの間に差が認められるかを t 検定により検証してみましょう。ただし、母分散は等しいものとします。

表 11.1　両クラス 15 名の得点

	1	2	3	4	5	6	7	8	9	10	11	12	13	14	15
クラスA	69	48	57	75	74	61	69	65	60	68	65	69	72	62	69
クラスB	57	71	61	50	69	61	60	61	57	58	67	49	66	48	52

11.9 課題11c

個人用の簡単なデータベースを、Excel を使って構築し、その内容を印刷しなさい。さらに宛名ラベルを作成して印刷しなさい。ただし、次の条件に従うものとします。

① 1 つのレコードには、レコード番号、学生番号、氏名、敬称、郵便番号、住所 1、住所 2、電話番号、e-mail アドレスの 9 項目を含むものとします。
② 12 個のレコードを作成します。
③ 最初のレコードには自分のデータを記述します。
④ 残りのレコードには友人等のデータを記述します。
⑤ 12 個のレコードのうち、1 つは団体とします。
⑥ ラベルシートは今回の演習で作成したものを使用します。

⑦　Excel のデータは A4 横の中央に 1 枚で印刷します。

⑧　Excel のデータベースは workb6.xlsx とし、宛名ラベルは workb7.docx として保存します。

第12章　プレゼンテーションソフトの基本的な使用方法

12.1　はじめに

　今までの演習によって、論文を作成するために必要なオブジェクトである数式、図、表、グラフ等の基本的な作成方法を理解してきました。そして、Excel を使ったデータの集計と簡単な分析方法についても演習しました。さらに Word を使って実際に実験レポートを作成するに至りました。

　今回はレポートや論文という形にまとめるのではなく、プレゼンテーション用の資料としてまとめる方法について理解することが目的です。プレゼンテーションに PowerPoint を使用した経験がある人は、かなり少ないようですから、基本的な操作方法について解説することにします。また、この PowerPoint はプレゼンテーション用の資料を作成するだけでなく、概念図やパンフレット等を作成する時にも利用できます。

　ここでの主な演習内容は、次の通りです。

① レポートや論文とプレゼンテーション用資料の相違点
② スライドの作成方法
③ スライドショーの実行方法
④ スライドの印刷方法

12.2　プレゼンテーション用資料の特徴

　本書では4ページの図 1.2 で示したモデルで説明した通り、レポートや論文等でまとめた成果をプレゼンテーションする際に PowerPoint を使用します。すなわち、大型モニタやプロジェクターに接続されたパソコンを使って聴講者に説明することが想定されます。みなさんは、スクリーンに映し出される画面と同じものを資料として聴講者に配布しておき、プレゼンテーションを行うのです。

　プレゼンテーションの資料には、レポートや論文で使用した図や表等のオブジェクトを利用します。しかしプレゼンテーション用の資料を作成する際には、次の点に留意することが望ましいと考えられます。

(1) 論文に比べると体裁上の制約が少ない

　レポートや論文の場合には、決められた体裁に整えることが必須の条件でした。しかし、プレゼンテーションには、特に決められた体裁はありません。聴講者の印象に残り、興味を持って聞いてもらえるように作成することが望ましいといえます。論文等のような正確な記述でなくてもかまいません。

(2) 多くの色を利用できる

　パソコンとプロジェクターを利用するのですから、資料を白黒で作成することにこだわる

必要はありません。聴講者にわかりやすく、そして印象に残るように、うまく配色するとよいでしょう。しかし多彩なグラフや図等で構成されている資料は、きれいに見えてよさそうですが、内容は印象に残らないものです。きれいな資料だったという印象だけが残り、中身はよく覚えていないというような結果になりかねません。慣れない人は、重要な箇所や部分の色を変える程度で作成することが望ましいでしょう。例えば折れ線グラフでは、すべての線を色付きにするのではなく、提案手法や着目すべき部分だけを赤色で示すような方法がよいと考えられます。実際に2種類のグラフを描いて、印象の違いを比較してみましょう。

（3）時間の厳守と資料の数量を考える

プレゼンテーションの時間は決められています。必ず時間内に完了しなくてはなりませんし、逆に、あまり早く終わるのもよくありません。また、原稿や資料等を見ながら解説することもよくありません。聴講者を見ながら解説をします。これらに対応するためには、十分な予行練習が不可欠となります。

なお資料の分量は、時間に合わせて決めなくてはなりません。資料が多くなれば1枚あたりの解説時間が短くなってしまい、聴講者が中身を理解する前に次の資料に移ってしまいます。1枚あたり最低でも1分以上は説明が必要ですから、そのつもりで資料を作成しましょう。プレゼンテーションの成功には、入念な計算と時間をかけた準備が必要なのです。

（4）簡潔に作成する

プレゼンテーションはレポートや論文と違い、口頭で説明する手段です。したがって、要点だけを資料に作成することになります。資料に書いてある文章を聴講者に読んでもらうのではなく、箇条書きや図および表等と口頭による解説によって伝えるのです。

またレポートや論文の内容をすべて資料にして、説明することも望ましくありません。あくまで要点だけを伝えて、詳細な内容については論文等を読んでもらうべきです。そのため、概念図やグラフおよび表等を使って、目的や成果を中心に説明するスタイルが基本といえるでしょう。

（5）文字の大きさ

大型のスクリーンに映写するとしても、小さな文字でたくさん記述された資料を読むことはできません。できるだけ簡素な内容にして、大きめの文字を使用するように心掛けた方がよいでしょう。

12.3　PowerPoint の起動

それでは、PowerPoint を起動してみましょう。**図 12.1** は PowerPoint の標準表示モードです。この他にスライド一覧やスライドショー等のモードがあります。図12.1 のようにデスクトップ全体に表示されない時は、「最大化」ボタンをクリックします。PowerPoint の演習を始める前に、PowerPoint の構造について理解しておきましょう。

Excel ではブックごとにファイルとして保存し、そのブックはいくつかのシートから構成されていました。これと同様に PowerPoint では、プレゼンテーションという単位でファイル

　として保存します。このプレゼンテーションは、独立した複数のスライドから構成されます。すなわち、必要に応じて新しいスライドを追加して書き加えていきます。スライドにテキストボックスや様々なオブジェクトを貼り付けて、編集を進めると考えてよいでしょう。

　また PowerPoint の画面には、リボンとスライドウィンドウが表示されています。リボンには作業に必要なコマンドのボタンが配置されていて、タブで切り替えます。スライドウィンドウはサムネイルペインとスライドペインに分かれています。サムネイルペインでは、編集したいスライドの選択や移動ができます。スライドペインでは、個々のスライドを編集します。

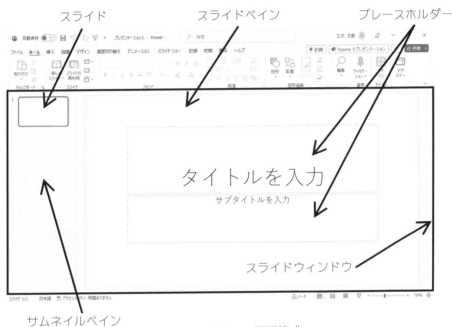

図 12.1　PowerPoint の画面構成

12.4　スライドの作成手順

12.4.1　プレゼンテーションの内容

　それでは、**図 12.2** のように 12 枚のスライドからなるプレゼンテーションを作成してみましょう。内容は、139 ページから始まる第 7 章で演習を行ったある高校における成績データの分析についてです。このプレゼンテーションを使って、得点の分布、合格者数、さらに数学と物理の得点の相関関係等を説明できるようにします。今回必要となる主な機能は、次の通りです。

　① デザインのテーマの選択
　② 新しいスライドの挿入
　③ スライドのレイアウトの選択
　④ オブジェクトの貼り付け
　⑤ スライドの移動と削除

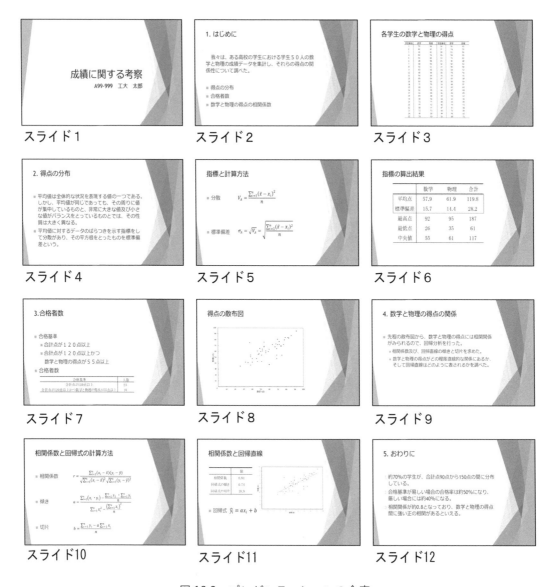

図 12.2　プレゼンテーションの全容

12.4.2　デザインのテーマの選択

　まず、プレゼンテーションのデザインを決めます。ここでは「デザイン」タブを選択しテーマグループの中からプレゼンテーション全体のデザインを決めて、個々のスライド作成に移ります。テーマとは背景やフォントの組み合わせだと考えてください。みなさんが使用する PowerPoint では、多くのテーマが用意されていますので、あなたのプレゼンテーションに合ったものを選びましょう。今回は**図 12.3** のスライドで使われているテーマを選択します。

　さらに「表示」タブを選択し「表示－ルーラー」にチェックを入れて、**図 12.4** のようにルーラーを表示させておきましょう。これにより編集作業が容易になります。

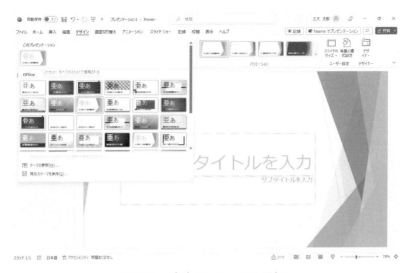

図 12.3　デザインテーマの選択

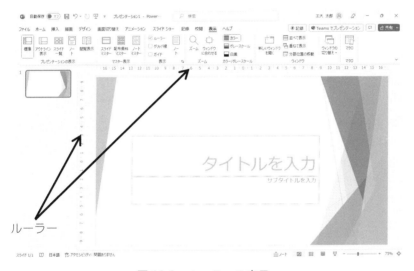

図 12.4　ルーラーの表示

12.4.3　タイトルとサブタイトルの入力

　1枚目のスライドには、図 12.4 のようにタイトルとサブタイトルを入力するためのプレースホルダーが表示されています。画面に指示されている通り、プレースホルダーをクリックして、それぞれに入力しましょう。ここではタイトルとしてプレゼンテーションのテーマを記入し、サブタイトルのプレースホルダーには、発表者の所属と氏名等を記入するものとします。したがって、**図 12.5** のようにタイトルには「成績に関する考察」と入力し、サブタイトルには、「学生番号と氏名」を入力します。ここまでを workc1.pptx として保存しておきましょう。

図 12.5　スライド１の完成

12.4.4　新しいスライドの挿入と作成

　それでは、２枚目以降のスライドを作成しましょう。まず、新しいスライドを挿入する必要があります。そこで、ホームタブを選択し「スライド－新しいスライド」をクリックします。今回は、ボタンの上部をクリックします。これにより、**図 12.6** のように新しいスライドが用意されます。また、ボタンの下部にあるプルダウンメニューを使えば、希望するレイアウトのスライドを用意することができます。

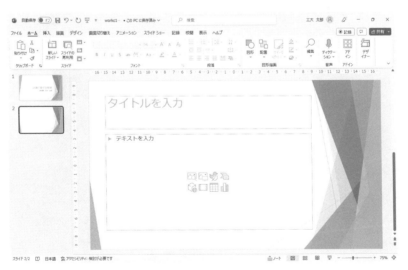

図 12.6　新しいスライドの挿入

　いよいよ、スライドにタイトルとテキストの入力です。まずタイトルには、「１．はじめに」を入力します。テキストには図 12.2 のスライド２に記述されている通り、「我々は…調

べた。」までを入力します。しかし、このまま入力すると箇条書きの体裁となってしまいます。そこで、ホームタブを選択し段落グループにある「箇条書き」ボタン☰▾をクリックして、箇条書きの機能を OFF にしておきます。そして、ぶら下げインデントを０の位置にして入力します。また、フォントサイズを適切に調整しておきましょう。

次は箇条書きでの入力となります。そこで再び、先程の箇条書きボタンをクリックして、箇条書きの機能を ON にします。そして、**図 12.7** のように「得点の分布」と「合格者数」、「数学と物理の得点の相関関係」を箇条書きで入力してみましょう。

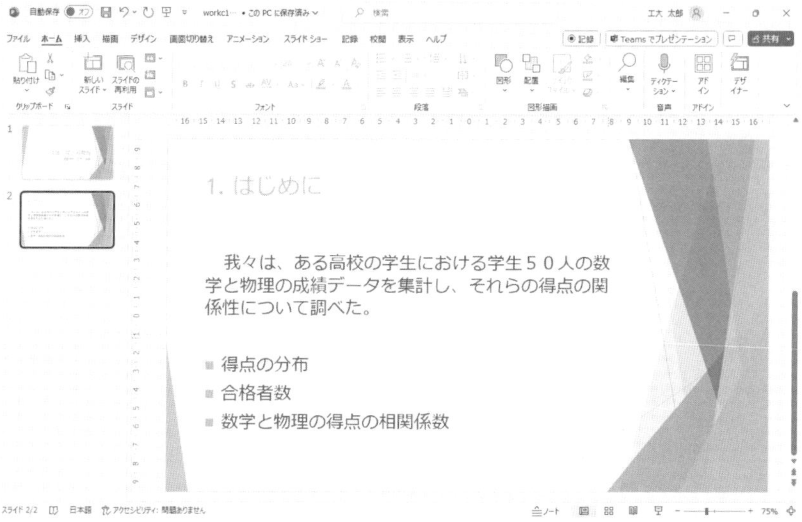

図 12.7　スライド２の完成

この箇条書きは、いくつかの体裁を選択することができます。体裁の変更には**図 12.8** のように、「箇条書きと段落番号」のダイアログを使用します。このダイアログは、ホームタブを選択し「段落－箇条書き－箇条書きと段落番号」をクリックすることにより、図 12.8 のダイアログが表示されます。これを使って、箇条書きを示すシンボルである行頭文字を指定できます。図中では７種類の候補があります。

さらに「ユーザー設定」のボタンをクリックすれば、さらに多くの選択が可能になります。また段落番号のタブを選択すれば、行頭文字に番号を使用することもできます。ここまでを workc1.pptx に上書き保存しておきましょう。

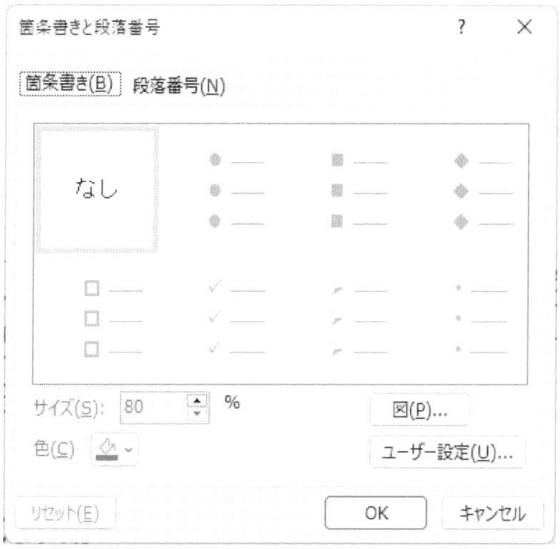

図 12.8　箇条書きと段落番号のダイアログ

12. 4. 5　練習

　スライド2の作成と同様にして、図12.2にあるスライド4,9,12をスライド2の後に作成してみましょう。ただし、スライド12では、段落番号を使った箇条書きになっていることに注意しましょう。完成すれば、workc1.pptx に上書き保存しておきます。

12. 4. 6　オブジェクトの貼り付け

　数式や図表等のオブジェクトは、p.4 の図1.2で示したように Word や Excel で作成したものを利用します。まずは第7章で作成したファイル work76.xlsx をコピーして、フォルダーlec12 に workc2.xlsx として保存します。そして、図12.2のスライド3,8,11で使用されている表やグラフの体裁を整えるとともに、スライド6,7,11で使用されている表を新たに作成しましょう。グラフと表の準備ができたら、workc2.xlsx に上書き保存しておきます。

　各オブジェクトの準備ができればスライド12の後に、**図 12.9** に示されているスライド3を作成します。スライド3はタイトルと表のオブジェクトから構成されています。そこで、ホームタブを選択し「スライド−新しいスライド」の下部をクリックして「タイトルのみ」を選択します。このスライドのプレースホルダーに「各学生の数学と物理の得点」を入力します。そして、タイトルの文字の色を黒色にしておきましょう。

図 12.9　スライド3の完成

　タイトルの入力が終われば、プレースホルダー以外のところを選択して、プレースホルダーの選択を解除します。そして workc2.xlsx で作成したオブジェクトをコピーします。そして、ホームタブの「クリップボード−貼り付け」の下部をクリックして「形式を選択して貼り付け」を選択します。これにより、「形式を選択して貼り付け」のダイアログが表示されますので、「図(拡張メタファイル)」を選択して貼り付けましょう。

次に、**図 12.10** に示されているスライド 5 を作成します。スライド 5 はタイトルと箇条書きテキスト、数式オブジェクトから構成されています。そこで、ホームタブの「スライドー新しいスライド」の下部をクリックして「タイトルとコンテンツ」を選択します。ここでテキスト部分には、「分散」と「標準偏差」を箇条書きで入力します。そして、先程と同様にして work32.docx にある分散と標準偏差の式を適当な位置にうまく貼り付けます。ここまでを workc1.pptx に上書き保存します。

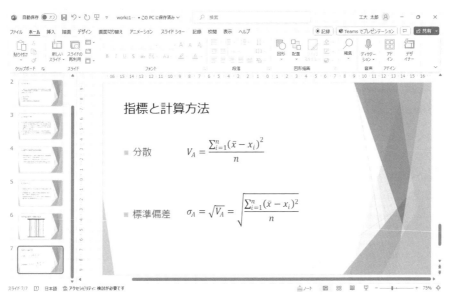

図 12.10　スライド 5 の完成

12.4.7　練習

図 12.2 にあるスライド 6 , 8 , 10 , 11 をスライド 5 の後に作成してみましょう。スライド 6 で使われている赤線の枠の作成方法については、後程説明しますので表だけを貼り付けてください。また、スライド 11 のグラフでは、回帰直線が赤色で描かれていることに注意しましょう。完成すれば、workc1.pptx に上書き保存しておきます。

12.4.8　箇条書きのレベル

箇条書きは階層構造にすることができます。一番上位となる箇条書きを第 1 レベルと呼び、その次の階層を第 2 レベルと呼んでいます。PowerPoint では、第 9 レベルまで使用することができます。ここでは、箇条書きのレベルの上げ下げについて解説します。

（1）箇条書きのレベル上げ

図 12.11 のような階層構造になった箇条書きの入力を考えます。スライド 11 の後に、スライド 7 を作成しましょう。まず、テキストに「合格基準」と入力して改行します。次の行に移った状態で Tab キーを押せば、字下げされ行頭文字が変わります。そして、「合計点が 120 点以上」と入力します。箇条書きの行頭文字が、第 2 レベルになっていることを確認しましょう。さらに、「合計点…55 点以上」を入力して改行してください。

図 12.11　箇条書きのレベル上げ

（2）箇条書きのレベル下げ

　今度は、**図 12.12** のように箇条書きを第 1 レベルに戻します。レベルを上げたい箇条書き
にカーソルを合わせて、ホームタブを選択し「段落」グループにある「インデント解除」ボ
タン ⯇ をクリックすると、箇条書きのレベルが 1 つ上がります。実際に「合格者数」を入
力してから ⯇ をクリックして、第 1 レベルに上げてください。

　テキストの入力が完了すれば、次に**図 12.13** のように合格基準別の合格者数をまとめた表
を Excel で作成します。そして、「合格者数」の下にその表を貼り付けてスライド 7 を完成さ
せましょう。ここまでを workc1.pptx に上書き保存します。

図 12.12　箇条書きレベル下げ

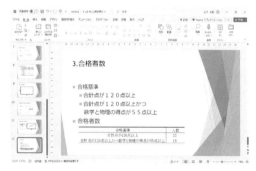

図 12.13　スライド 7 の完成

12．4．9　図形の利用

　図 12.14 のようにスライド 6 の表において、平均と標準偏差の項目を強調するために図形
の挿入を行います。まず、サムネイルペインにある 8 番のスライドをクリックして、スライ
ド 6 を選択しましょう。次に、ホームタブをクリックし「図形描画－図形」のプルダウンメ
ニューから「正方形/長方形」を選択します。そして、図形を適当な大きさで挿入します。

次に「図形の書式」タブが選択されていることを確認します。そして、「図形のスタイル－図形の塗りつぶし－塗りつぶしなし」を選択します。同様にして、「図形の枠線－赤」を選択すれば完了です。ここまでを workc1.pptx に上書き保存しておきましょう。

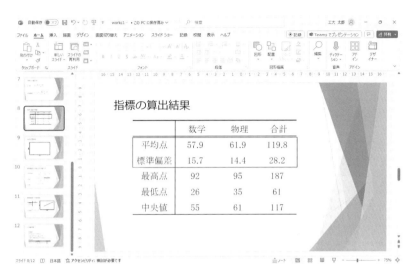

図 12.14　図形の挿入

12.4.10　スライドの移動と削除

図 12.2 に示されているスライド 1 から 12 までの作成が完了しました。しかし、スライドの順序は整っていません。そこで、スライドを順番に並べ替える必要があります。スライドの順番の変更は、サムネイルペインを使用します。移動させたいスライドをドラッグして、移動させたい場所でドロップすることでスライドの移動ができます。それでは、図 12.2 と同じ順番になるように、スライドを並べ替えてみましょう。

また、不要になったスライドを削除することもできます。削除したいスライドを選択し、右クリックして、「スライドの削除」を選択することでスライドを削除することができます。ここまでを workc3.pptx として保存します。

12.5　表示モード

PowerPoint には 5 種類の表示モードがあります。表示タブを選択し「プレゼンテーションの表示」から、表示モードを選択できます。この 5 つのモードについて簡単に解説します。

(1) 標準表示モード

これまで使用していた表示モードのことが、標準表示モードです。この表示モードは、スライドの作成や修正を行う表示モードです。また、スライドの順番の変更や削除等の編集もできます。さらに発表者用のノートを入力することも可能です。

（2）アウトラインの表示

　表示タブを選択して、「プレゼンテーションの表示－アウトライン表示」をクリックすれば、プレゼンテーションのアウトラインを表示します。スライドを編集したり移動したりできます。プレゼンテーションの構成を考えるときに便利な表示モードです。

（3）スライド一覧表示モード

　表示タブを選択して、「プレゼンテーションの表示－スライド一覧」をクリックすれば、図12.15 のようなスライド一覧表示モードに変わります。この表示モードでは、スライド1枚1枚に注目するのではなく、スライド全体を見渡すのに便利です。スライドの順番の変更や削除を行うことはできますが、スライドの修正を行うことはできません。あるスライドをダブルクリックすれば、標準表示モードに切り替わり、そのスライドを表示させることができます。

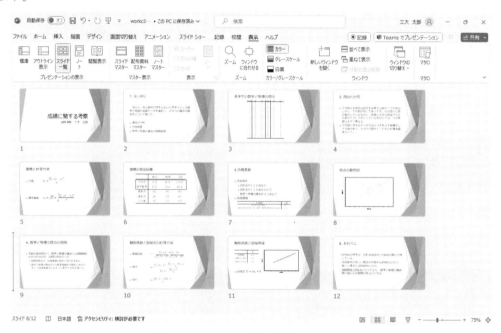

図 12.15　スライド一覧表示モード

（4）ノート表示モード

　表示タブを選択して、「プレゼンテーションの表示－ノート」をクリックすれば、図 12.16 のようなノート表示モードに変わります。ノートとは発表者がプレゼンテーションする際のメモとして使うもので、聴講者には見せないものです。この表示モードでは、ノートの編集だけを行うことができます。このモードでもスライドの修正はできません。修正する場合は、そのスライドをダブルクリックして、標準表示モードに切り替えてから修正をします。

（5）閲覧表示モード

　表示タブを選択して、「プレゼンテーションの表示－閲覧表示」をクリックすれば、全画面ではなく、PowerPoint ウィンドウ内でスライドショーが再生されます。

図 12.16　ノート表示モード

12.6　スライドショー

　プレゼンテーションをするためには、スライドショーを利用します。スライドショーの
実行には、スライドショータブを選択し「スライドショーの開始－最初から」をクリックし
ます。もし途中からスライドショーを開始したい場合は、スライドショータブを選択し「ス
ライドショーの開始－現在のスライドから」をクリックします。ここでは、スライドショー
の機能について解説します。

（1）次のスライドに進む

　次のスライドに移るには、クリックするか、右クリックをして「次へ」を選択します。
もしくは、キーボードの↓か → キーを押せば、次のスライドに進みます。

（2）前のスライドに戻る

　前のスライドに戻るには、右クリックをして「前へ」を選択します。もしくは、キーボー
ドにある ← か↑キーを押せば前のスライドに戻ります。

（3）任意のスライドへの移動

　任意のスライドに移動するには、まず画面上で右クリックをして、プルダウンメニューを
表示させ、「すべてのスライドを表示」を選択します。そして、すべてのスライドの中から
移りたいスライドをクリックします。

（4）画面への書き込み

　スライドショーの途中で表示画面に直接、書き込みをすることができます。書き込まれ

たものは、スライドショーを終了する時に「保持する」か「破棄する」を選択することになります。最終的には、ファイルとしての保存をするかどうかを選択できます。このツールは、聴講者の興味を引くための有効なツールといえるでしょう。**図** 12.17 のように、画面上で右クリックをして「ポインターオプション－ペン」を選択します。これにより、マウスポインタをペンとして使用することができ、マウスをドラッグして、フリーハンドで任意の図形を描けるようになります。**図** 12.18 のように、相関性を強調して解説するようなことができます。また、「ポインターオプション－インクの色」を選択すれば、ペンの色を変えることもできます。**図** 12.19 のように「ポインターオプション－スライド上のインクをすべて消去」を選択すれば、ペンで描いたものをすべて消去することができます。

図 12.17　ペンの利用

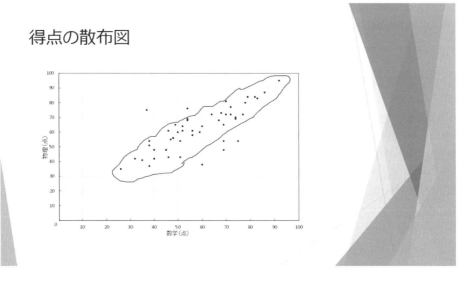

図 12.18　画面への書き込み

図 12.19　ペン字の消去

（5）スライドショーの終了

　最後のスライドに到達すれば、スライドショーは終了します。また途中でスライドショーを止めたい時は、画面上で右クリックし「スライドショーの終了」を選択して、スライドショーを終了することができます。

12.7　効果的なプレゼンテーション用資料の作成方法

　スライドに特殊効果を設定することで、より効果的なプレゼンテーションを作成できます。ただし、特殊な効果を使いすぎると、内容については印象に残らない恐れがありますので注意が必要です。ここでは、いくつかの特殊効果についての解説をします。

（1）画面切り替え

　次のスライドに移る時に、そのスライドの現れ方を設定することができます。図 12.20 のように、画面切り替えタブを選択し画面切り替えグループのプルダウンメニューを開いてください。このプルダウンメニューの中から切り替えの種類を選択すれば、その効果をプレビューすることができます。またタイミンググループでは、サウンドや時間を設定することができます。

（2）アニメーションの設定

　テキストやオブジェクトは、スライドを切り替えた時に一斉に表示されます。これらを順番にアニメーション効果を付けながら表示することや、文字を強調することができます。ここでは、スライド 6 にアニメーション効果を設定しましょう。

　まず、スライド 6 を表示させます。そして、アニメーションタブを選択し「アニメーションの詳細設定－アニメーションウィンドウ」をクリックして、図 12.21 のように「アニメーションウィンドウ」を開いてください。そしてスライド 6 で使用している赤い長方形の図形を選択し、「アニメーションの詳細設定」グループの「アニメーションの追加」のボタンを

クリックします。これにより、**図 12.22** のように「開始」「強調」「終了」「アニメーションの軌跡」等が選択できるようになります。今回は、「その他の開始効果－ブラインド」を設定してみましょう。他のアニメーションについても同様の方法で設定できます。設定されたアニメーションは、**図 12.23** のように「アニメーションウィンドウ」にリストとして表示されます。このリストを利用してアニメーションの順序を変更することが可能です。さらに削除したいアニメーションがあれば、それを選択した後に、プルダウンメニューから「削除」をクリックします。スライドショーを使って、スライド6のアニメーションの効果を確認してください。ここまでを workc3.pptx に上書き保存しておきましょう。

図 12.20　画面切り替え

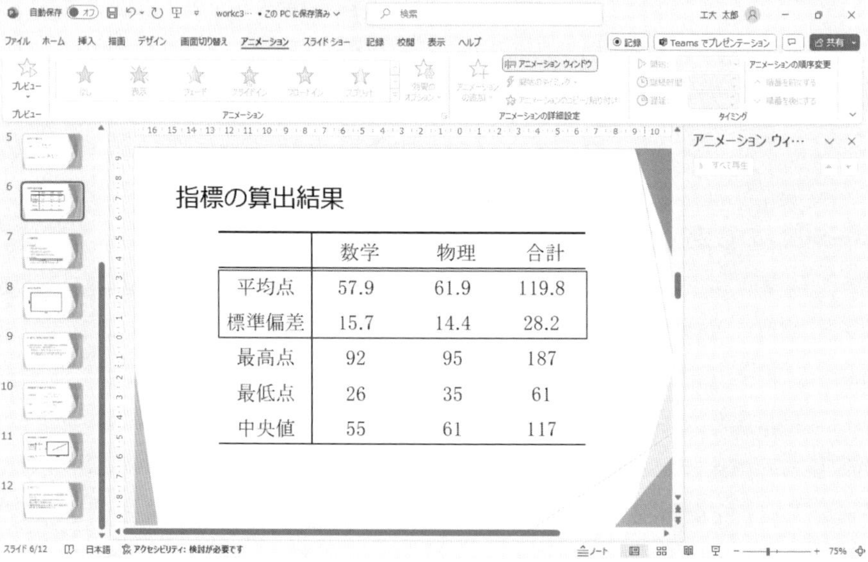

図 12.21　アニメーションの設定

図 12.22 効果の追加

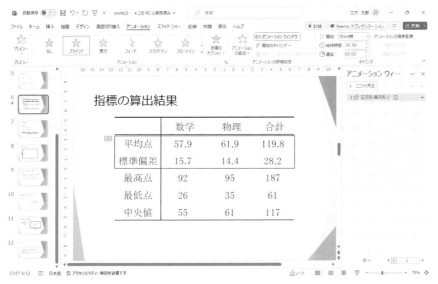

図 12.23 アニメーションのリスト

12.8 スライドのデザインの変更

　スライドには、日時や時間、スライド番号等を挿入することができます。挿入タブを選択し「テキスト－ヘッダーとフッター」をクリックして、ダイアログの設定をします。また、プレゼンテーション全体で統一されたスライドデザインを設定するには、「スライドマスター」を使います。表示タブを選択し「マスター表示－スライドマスター」をクリックすれば、スライドマスターが表示されます。このスライドマスターは、ヘッダーやフッターの位置設定にも利用することができます。

　いずれも有用な機能ですから、各自で詳しく調べておきましょう。

12.9　印刷

　PowerPoint では、様々な形式での印刷が可能です。まずファイルタブを選択し「印刷」を
クリックして、**図 12.24** のような印刷画面を表示させます。この画面の設定のところにある
「フルページサイズのスライド」をクリックすれば、「ノート」「アウトライン」「配布資料」
も選択肢として表示されます。選択肢の「フルページサイズのスライド」では、スライドが
１枚ずつ印刷されます。また「配布資料－６枚スライド(横)」を選択すれば、**図 12.25** の印刷
プレビューのように１ページあたり６枚のスライドが印刷されます。さらに、「ノート」を
選択すれば、**図 12.26** のように発表者用の資料として印刷することができます。最後の「ア
ウトライン」を選択すれば、アウトライン表示での印刷が可能です。

図 12.24　印刷画面

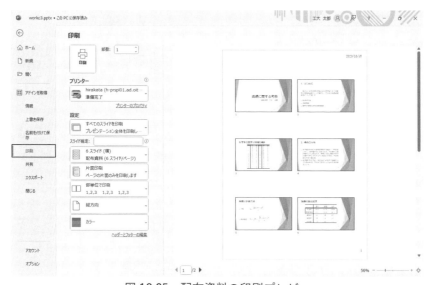

図 12.25　配布資料の印刷プレビュー

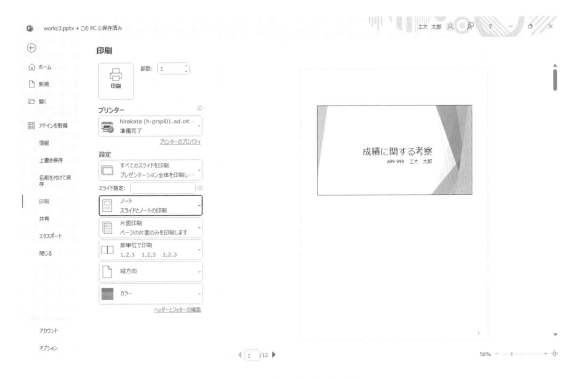

図 12.26 ノートの印刷プレビュー

ところで、白黒のレーザープリンターを使って印刷する時には、図12.24の中央下部にある「カラー」と表示されている項目を「グレースケール」に変更した方がよいでしょう。

12.10 課題12a

第8章から第10章までに作成した習熟効果についてのレポートを題材にして、プレゼンテーションを作成してみましょう。作成したプレゼンテーションをスライド6枚の配布資料として印刷します。どのデザインテーマを選択するか、どのようなスライドのレイアウトを使用するか等は自由です。ただし、スライドの枚数を12枚にして、図やグラフ等を利用してわかりやすくまとめましょう。完成すれば workc4.pptx として保存しておきます。

12.11 課題12b

課題12a で作成したプレゼンテーションを使って、実験の成果を発表してみましょう。3人で一組となって、コンピューターのモニターを囲んで発表会を実施します。それぞれが順番に発表者、司会者、タイムキーパーの役割を分担します。1人あたりの発表時間は、

10 分間です。この時間を超えて発表してはいけませんし、逆に短すぎてもいけません。

　そして発表が終われば、次の項目についてお互いに評価しあいましょう。

　① 発表時間が適切であった。

　② スライドで使われているフォントの大きさが適切だった。

　③ スライドで箇条書きがうまく使用されていた。

　④ 図や表等がスライドで効果的に使われていた。

　⑤ メモ等を見ずに説明していた。

　⑥ つまらずに説明することができていた。

　⑦ スライドに記述されている文をただ読み上げるような説明ではなかった。

　⑧ 説明がわかりやすかった。

　⑨ 結果や結論が明確に説明されていた。

　⑩ スライドのデザインがよかった。

　以上の他に、それぞれの発表におけるよかった点や改善すべき点についても、具体的に話し合いましょう。

第１３章　演習のおわりに

13.1　はじめに

　この章が、最後の学習となります。そこで当初の到達目標に対して、どの程度まで達成できているのかを調べて、不足している部分を補う必要があります。本書では１ページに記している水準３を目標にしていましたので、この水準に対する到達度を確認します。人がより多くの成果をあげるには、このように計画を実行した後に、その結果を確認することが不可欠です。

　すなわち、**図 13.1** に示される **PDCA サイクル**にしたがって活動をすることになります。図13.1 に示されている通り、計画を立て(Plan)、実行し(Do)、点検して(Check)、改善する(Act)という活動を繰り返し行うのです。このような活動をする理由は、人間のプロセスに関する知識が不完全なために、最初から完全に達成することが困難であるからです[A-5]。また、PDCAサイクルは管理のサイクルとも呼ばれています。

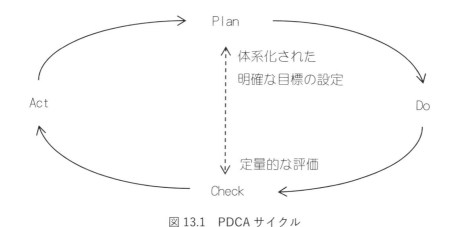

図 13.1　PDCA サイクル

　図 13.1 の PDCA サイクルについてもう少し丁寧に述べれば、具体的で評価可能な目標を立てておき、計画どおりに遂行してその到達度を点検し、目標に沿っていない部分を改善するということになります。何事も点検と見直しをすることで、格段に成果があがるものです。今回の演習でも、単に 12 章分の演習を遂行したというだけでなく、その到達度を確認して、必要に応じて見直しが求められます。

　そこで、次の観点から各自で到達度を検証してみましょう。

① 本書で得たはずの知識の確認

② タイピング能力の向上

　さらに、本書では取り扱わなかった重要なテーマや今後の課題については、最後に記述しておきます。

13.2　各水準と演習過程の整理

　本書での演習の目標は、第1章で示した5つの水準のうち水準3までを達成することでした。この段階までの水準の概念は、**図 13.2** に示されています。図からわかるように、基礎となるのは水準1のストレスなくタイプできるようになることです。タイプがある程度できるようになれば、レポートや論文の作成に不可欠な部品を作成する能力、すなわち水準2が必要となります。部品を自由に作成することができるようになれば、それを組み立てて、1つのレポートや論文を構成できる水準3を目指すことになります。そこで、論文に必要な部品の作成方法について、まず学習したわけです。具体的には第2章において、文章のレイアウト方法やフォント、サイズ、段落等の設定方法について解説しました。第3章では、図や数式の作成方法について解説しました。さらに第5章や第6章において、グラフや表等の作成方法について論じました。また第7章では、データの集計とその分析について演習を行いました。

　水準2の学習が終わりましたので、第8章から第10章まででレポートの作成実習へと展開したのです。ここでは実際に習熟効果の実験を行って、その成果や数式や図・表等によりまとめてみることで、水準3へアプローチしたのです。

　この他に、次の項目についても実習を行いました。

① 電子メールの送受信と Web の閲覧
② 表計算ソフトを使ったデータ分析
③ プレゼンテーションソフトの利用

　これらの演習を含めることで、本書におけるソフトの利用モデルを明確にするとともに、各要素への理解が深まったものと思います。このような演習の主旨を、よく思い出しながら各自の達成度合いを確認していきましょう。

13.3　理解した項目の確認

　最初の点検は、これまでの演習でどれだけのことを理解したかということです。このために**表 13.1** のチェックシートを利用します。チェックシートは、漏れやミスがないかを確認するのに適したツールです。

　表13.1には本書で扱った項目を整理して列挙してあります。表中のテーマには、演習の大まかなテーマとそれに対応する章が記述されています。要素の欄には、そのテーマでの理解すべき具体的な項目が示されています。したがって、各項目を見て理解していればチェック（✓）を入れて点検をします。要素だけでは勘違いがあるかもしれませんので、キーワードを付けておきました。

　点検を終えたらチェックの付いていない箇所について、再度学習しておきましょう。また、自信のない箇所等についても復習することをお勧めします。本書の解説でわかりにくかった点や、さらに知りたい点については関連する図書を調べてみることも必要です。

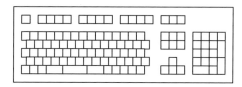

水準１：キーボードを使って入力
　　　　できる

水準２：オブジェクトを作成できる

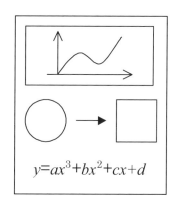

$$y=ax^3+bx^2+cx+d$$

水準３：論文やレポートの構成を
　　　　組むことができる

$$y=ax^3+bx^2+cx+d$$

図 13.2　各水準の考え方

表 13.1　チェックシート

テーマ	チェック	要素	キーワード
Windowsの基本操作 （第1章）	1	サインアウト・サインイン	シャットダウン　再起動
	2	パスワードの変更	パスワードの変更方法　パスワードの強度
	3	フォルダーの作成	フォルダーの作成方法　フォルダーの階層構造
	4	アプリの起動方法	ファイルの拡張子と種類の関連付け
	5	日本語入力	漢字変換
ワープロソフトの利用 （第2〜3章）	6	ページ設定	用紙サイズ　印刷の向き　余白
	7	フォント設定	フォント　スタイル　サイズ
	8	段落設定	配置　行間
	9	段組み設定	2段組み　段の幅
	10	ヘッダーとフッターの設定	ページ番号
	11	編集の効率化	カット（コピー）アンドペースト　アンドゥ　リドゥ
	12	印刷オプション	拡大/縮小印刷
	13	数式の作成	数式の体裁　数式ツール　数式エディタ
	14	タブの設定	タブ位置　左揃え　右揃え
	15	図の作成	描画キャンバス　グループ化　順序　Smart Art
	16	オブジェクトの操作	レイアウト　貼り付け　サイズ変更
	17	マクロの設定	マクロの作成　マクロの実行　マクロの保存　マクロの危険性
インターネットの利用 （第4章）	18	ブラウザの設定とその利用	タブブラウザ　プロキシの設定
	19	検索	検索エンジン
	20	Webページの閲覧	URL　HTTP
	21	Webページの作成・公開	HTML　タグ
	22	e-mailの仕組み	SMTP　POP
	23	e-mailの送受信	電子メールの書き方
	24	e-mailの設定	シグネチャ（署名）の設定　電子メールの転送　Outlookの設定
	25	インターネット利用の注意点	個人情報　チェーンメール　著作権　肖像権　ネチケット
表計算ソフトの利用 （第5〜7章）	26	表計算ソフトの構造	セル　シート　ブック
	27	ページ設定	余白　ヘッダー/フッター　シート
	28	データの入力	数値　式　オートフィル
	29	関数の利用	SUM()　AVERAGE()　VARP()　STDEVP()
	30	グラフの作成	グラフの書式設定　凡例の設定
	31	グラフの種類登録	ユーザー定義
	32	表の作成	表示形式　文字の配置　罫線　セルの結合
	33	図の利用	グラフへの書き込み
	34	Wordへの貼り付け	形式を選択して貼り付け　拡張メタファイル　グラフオブジェクト　リンク貼り付け
	35	セルの参照方式	相対参照　絶対参照　複合参照
	36	データの並び替えと抽出	ソート　昇順　降順　オートフィルタ　テーブル
	37	分析ツール	アドイン　回帰分析
レポート作成 （第9〜10章）	38	章構成	章の構成方法　インデント
	39	図表	図のキャプションの記述位置　表の図のキャプションの記述位置
	40	参考文献	参考文献の書き方　引用方法
	41	文書の校正	検索・置換
	42	目次の作成	索引と目次
	43	ファイルの共有	クラウド　Excel Online
ソフト間の連携 （第11章）	44	ファイルの互換	CSV形式
	45	差込印刷	宛名ラベルの作成
プレゼンテーションソフトの利用 （第12章）	46	表示モード	標準表示モード　アウトライン表示モード　スライド一覧表示モード　ノート表示モード
	47	スライドショー	スライドショーの実行
	48	スライドの作成	背景　テキストレベル　アニメーション
	49	ノート	ノート表示モード
	50	印刷	配布資料

13.4　タイピング能力の測定

13.4.1　測定の目的

演習開始前の測定値と比較して、どの程度向上したかを明確にすることにより演習の成果を評価します。また他の人と比較することで、今後の目標を設定しましょう。

13.4.2　測定のルール

第1章で測定した時と全く同じルールです。今回は、この第13章の13.1節から13.4節を入力対象とします。この中には3000文字以上ありますから十分な分量です。用意ができれば、次のルールを確認して早速始めてください。

　① 時間は20分とする。

　② 入力方法がわからない記号や文字があれば、とばして入力する。

　③ 体裁等は整えなくてよいので、時間内にひたすら入力し続ける。

　④ 入力された漢字とひらがなが、見本通りかを確認しながら入力を続ける。

13.4.3　測定の方法

測定の方法も前回と同じです。**図13.3**に示されている通り校閲タブを選択し「文章校正－文字カウント」をクリックします。すると**図13.4**のように「文字カウント」のダイアログが表示されますので、この中の「文字数(スペースを含めない)」の値があなたのスコアです。**表13.2**に各自のスコアを記入しましょう。

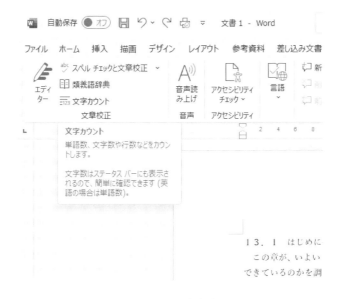

図13.3　測定方法

図 13.4　文字カウントのダイアログ

表 13.2　タイピング文字数

評価指標	値
今回のスコア （今回のスコアを記入します）	
前回のスコア （21ページに示されたスコアを記入します）	
向上率 （今回/前回を百分率で計算します）	

13.4.4　自己評価

　それでは、タイピング能力の向上を次の観点から評価しましょう。

（1）どの程度向上したのか

　ここでの評価尺度は、表 13.2 の向上率です。この値が大きいほど成果が高いといえます。しかし基準となる値がないと、どうもよくわかりませんよね。それにこの指標であれば、もともと多くタイプできていた人は少なかった人に比べて、小さな値になる傾向があります。

　そこで第 1 章のサンプルである 325 人を、次の 3 層に分類して比較してみます。

　　①　グループ A（該当者 96 人）　…　第 1 回目のタイプが 600 文字未満

　　②　グループ B（該当者 141 人）　…　第 1 回目のタイプが 600 文字から 1000 文字未満

　　③　グループ C（該当者 88 人）　…　第 1 回目のタイプが 1000 文字以上

　それでは演習が終了した時点で、グループごとにどれだけタイプできるようになったかを検証してみます。この結果は、それぞれ**図 13.5** から**図 13.7** に示されています。この図から、グループ A の人は、300 文字から 1000 文字未満の分布になっており、グループ B では 500 文字から 1600 文字未満、グループ C では 900 文字以上となっていることがわかります。またグループ A の向上率の平均値は 140％であり、グループ B では 121％、グループ C は 114％でした。

　そこで、前回のスコアから自分がどのグループに分類されるかを確認し、そこでの平均的な向上率と自分の向上率とを比較してみましょう。

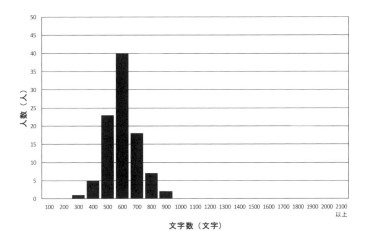

図 13.5　グループ A

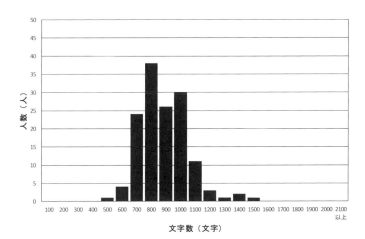

図 13.6　グループ B

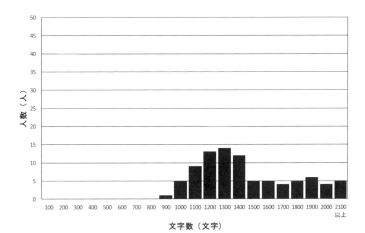

図 13.7　グループ C

（2）何文字タイプできるのか

　前述の評価は、どの程度の成長があったかというものでした。それも重要な指標ですが、やはり絶対的なタイプ能力という観点は不可欠です。これについては、筆者の経験から 1000 文字以上が必要だと思います。このタイプ能力は、リテラシーにおける基礎体力の１つといっても過言ではないでしょう。今後、例えばプログラミングを学ぶときにも、タイプ能力は学習効果に影響を及ぼすと考えられます。

　このタイプ能力を向上させるには、

　① 第４章で検索したタッチタイプの練習用ソフトウェアの利用

　② 積極的なワープロの利用

の２点が効果的だと考えられます。しかしどちらの場合も結局は、習熟効果に期待しているわけです。実際に図 13.5 と図 13.6 をよく調べると、最初はグループ A だった人達の約 70% の人が演習の終了時には、グループ B の範囲に成長しています。同様にグループ B であった人達の約 34% が、グループ C に成長していました。ですから自分なりの取り組みを考えて、それを続けることが重要です。

13.5　今後の学習

　いよいよ、演習の最後が近づいてきました。演習成果の点検と見直しにより、十分な成果があげられたものと確信しています。今後は、必要に応じてレポートの作成を行うことにより水準４に到達されることを期待しています。そしてコンピューターの利用を続けるうちに、最終的には他の問題に対してもソフトウェアを効果的に利用できる水準５にも到達できるでしょう。機会があれば、積極的にコンピューターを利用する習慣を付けることが不可欠です。

　本書では 13 章という限られた分量を前提にしていますので、やむを得ず割愛したテーマも多くあります。特に Excel による分析については、各自で図書などをもとに学習しておく方がよいでしょう。例えば、様々な条件を設定してデータを分析するのには、ピボットテーブルを利用することが効果的です。このピボットテーブルからピボットグラフを作成することもできるので、データの集計と分析には欠かせません。

　またマクロを利用すれば、同じ作業を繰り返す場合に大変有効であることは、すでに本書でも触れました。記録されたマクロは、VBA で記述されたプログラムです。このため、VBA によるプログラミングを自分でできるようになれば、Excel での処理の効率化が期待できます。しかしこれについては、C や Java、Python 言語等を使ったプログラミング教育を受けてからでも遅くないかもしれません。

　Web ページの作成についても十分ではなかったと思います。多くの HTML のタグを理解すれば、多彩な Web ページが作成できます。Web ページを作成するためのソフトウェアが

用意されていますから、それを利用するのも 1 つの手かとは思います。さらに HTML だけでなく、スタイルシートも理解できれば、表現力に富んだ Web ページを効率よく作成できるようになると考えられます。スタイルシートとは、Web ページのレイアウトを定義する技術のことです[A-6]。また、SNS(Social Networking Service)も普及しています。この利用能力も重要です。

　さらに、近年の人工知能(AI; Artificial Intelligence)技術の発展は目を見張るものがあります。この AI の原理を理解することよりも、使いこなす能力が要求されることになるでしょう。特に生成 AI などをうまく活用できれば、様々な業務を効率よく処理できるからです。

　以上のように、知っておいた方がよい知識は数多くあります。しかし基本的な操作方法を理解して、あとは習熟により効率的な方法を各自で確立することで対応できると考えています。結局のところ、積極的にコンピューターを利用して問題を解決することを心がけることです。またできることなら、問題に対峙することになる前に、様々な情報技術について日頃から自主的に研究しておくことが望ましいでしょう。

引用文献

[A-1]インターネット協会監修:『インターネット白書』, 株式会社インプレス, p.32, p.66(2001).

[A-2]総務省統計研修所編:『日本の統計 2004』, 総務省統計局, p.163 (2004).

[A-3]日本規格協会:『JIS ハンドブック 57 品質管理』, 日本規格協会, p.191(2002).

[A-4]橋本文雄, 帆足辰雄, 黒澤敏郎, 加藤清著:『新編生産管理システム』, 共立出版株式会社, p.206-207(1998).

[A-5]社会法人日本経営工学会編:『生産管理用語辞典』, 日本規格協会, p.188, p.355(2002).

[A-6]アンク著:『スタイルシート辞典第3版』, 翔泳社 p.2(2002).

参考文献

＜第 1 章＞

[B-1]広野忠敏&できるシリーズ編集部著:『できる Windows 10 パーフェクトブック 困った! ＆便利ワザ大全』, 株式会社インプレス(2016).

[B-2]法林岳之, 一ヶ谷兼乃, 清水理史著:『できる Windows 11』, 株式会社インプレス(2021).

＜第 2 章・第 3 章・第 10 章＞

[B-3]大野恵太著:『これでわかるワード 2002』, 株式会社エスシーシー(2001).

[B-4]西上原裕明著:『Word2002 300 の技』, 株式会社技術評論社(2002).

[B-5]神田知宏, できるシリーズ編集部著:『できる大辞典 Word2002 Windows XP 対応』, 株式会社インプレス(2003).

[B-6]千駄木実著:『Word2003 パーフェクトマスター』, 株式会社秀和システム(2003).

[B-7]井上健語著:『ひと目でわかる Microsoft Office Word 2007』, 日経 BP ソフトプレス(2007).

[B-8]若林宏著:『Word2007 パーフェクトマスター』, 株式会社秀和システム(2007).

[B-9]相澤裕介著:『数式作成に使う Word2007 活用法』, 株式会社カットシステム(2007).

[B-10]阿部ヒロコ著:『すぐわかる Word2010』, 株式会社アスキー・メディアワークス(2010).

[B-11]技術評論社編集部, AYURA 著:『今すぐ使えるかんたん Word 2013』, 株式会社技術評論社(2013).

[B-12] 若林宏, アンカープロ著:『Word 2013 パーフェクトマスター』, 株式会社秀和システム(2013).

[B-13]田中亘&できるシリーズ編集部著:『できる Word 2016 Windows 10/8.1/7 対応』,株式会社インプレス(2015).

[B-14]岸光男著:『システム工学』, 共立出版株式会社(1995).

[B-15]田村坦之著:『システム工学』, 株式会社オーム社(2001).

＜第 4 章＞

[B-16]富士通オフィス機器株式会社編:『よくわかるインターネット&E メール』, FOM 出版(2003).

[B-17]アンク著:『HTML タグ辞典第 5 版』, 翔泳社(2002).

[B-18]ノマド・ワークス著:『最新パソコン基本用語辞典』, 新星出版社(2002).

[B-19]山田祥平&できるシリーズ編集部著:『できる Outlook 2016 Windows 10/8.1/7 対応』,株式会社インプレス(2016).

＜第 5 章・第 6 章・第 7 章・第 11 章＞

[B-20]Perspection, Inc.編:『ひと目でわかる Microsoft Excel Version 2002』, 日経 BP ソフトプレス(2001).

[B-21]プロジェクト A&できるシリーズ編集部著:『できる大辞典 Excel2002 Windows XP 対応』, 株式会社インプレス(2003).

[B-22]ゲイザー著:『ひと目でわかる Microsoft Office Excel 2007』, 日経 BP ソフトプレス(2007).

[B-23]技術評論社編集部, AYURA 著:『今すぐ使えるかんたん Excel 2013』, 株式会社技術評論社(2013).

[B-24]金城俊哉, 秀和システム第一出版編集部著:『Excel2013 パーフェクトマスター』, 株式会社秀和システム(2013).

[B-25]金城俊哉著:『Excel2007 パーフェクトマスター』, 株式会社秀和システム(2007).

[B-26]尾崎裕子著:『すぐわかる Excel2010』, 株式会社アスキー・メディアワークス(2010).

[B-27]小舘由典&できるシリーズ編集部著:『できる Excel 2016 Windows 10/8.1/7 対応』,株式会社インプレス(2015).

[B-28]守谷栄一著:『詳解演習数理統計』, 日本理工出版会(1993).

＜第 8 章・第 9 章・第 10 章＞

[B-29]中島利勝, 塚本真也著:『知的な科学・記述文章の書き方』, コロナ社(2002).

＜第 12 章＞

[B-30]Stephen W. Sagman 著:『Microsoft PowerPoint Version 2002 オフィシャルマニュアル』, 日経 BP ソフトプレス(2001).

[B-31]高橋慈子著:『PowerPoint300 の技』, 株式会社技術評論社(2001).

[B-32]広瀬泰則著:『これでわかるパワーポイント 2002』, 株式会社エスシーシー(2002).

[B-33]堀池裕美著:『ひと目でわかる Microsoft Office PowerPoint 2007』, 日経 BP ソフトプレス(2007).

[B-34]永山嘉和著:『すぐわかる PowerPoint2010』, 株式会社アスキー・メディアワークス(2010).

[B-35]井上香緒里, できるシリーズ編集部著:『できる PowerPoint 2013 Windows 8/7 対応』, 株

式会社インプレスジャパン(2013).

[B-36]技術評論社編集部, AYURA, 稲村暢子著:『今すぐ使えるかんたん　Word&Excel&
　PowerPoint 2013』, 株式会社技術評論社(2013).

[B-37]綾部洋平, 山添直樹, 十柚木なつ著:『PowerPoint 2013 パーフェクトマスター』, 株式会社
　秀和システム(2013).

[B-38]井上香緒里&できるシリーズ編集部著:『できる PowerPoint 2016 Windows 10/8.1/7 対応』,
　株式会社インプレス(2015).

＜第 13 章＞
[B-39]桑田秀夫著:『生産管理概論』, 日刊工業新聞社(1990).
[B-40]谷津進, 宮川雅巳著:『品質管理』, 朝倉書店(1994).

索　引

著者紹介

椎原 正次（しいはら まさつぐ）

1994年　大阪工業大学 大学院工学研究科 経営工学専攻 博士課程 修了
現　在　大阪工業大学 情報科学部 データサイエンス学科 教授, 博士（工学）

2005 年 3 月 25 日	初　版	第 1 刷発行
2008 年 3 月 17 日	改訂版	第 1 刷発行
2012 年 3 月 24 日	第 2 版	第 1 刷発行
2015 年 3 月 23 日	第 3 版	第 1 刷発行
2018 年 3 月 10 日	第 3 版	第 2 刷発行
2019 年 3 月 28 日	第 4 版	第 1 刷発行
2024 年 3 月 13 日	第 5 版	第 1 刷発行

レポート作成のための
コンピュータリテラシー［第5版］

著　者　椎原正次　©2024
発行者　橋本豪夫
発行所　ムイスリ出版株式会社

〒169-0075
東京都新宿区高田馬場 4-2-9
Tel.(03)3362-9241(代表)　Fax.(03)3362-9145　振替 00110-2-102907

ISBN978-4-89641-329-8　C3055